BEST シグマベスト

この1冊で、
いっきに完成！

大学入学共通テスト

情報Ⅰ

最重要POINT60

村井 純 監修 ｜ 鈴木 二正 著

文英堂

本書の特長と使い方

本書は，大学入学共通テスト「情報Ⅰ」で高得点を取るために必要な知識の定着と，
本番につながる直前対策を1冊にまとめた参考書です。

Part 1 基礎定着

この回でおさえるべきポイントをまとめています。初めに必ずココをチェックしましょう。

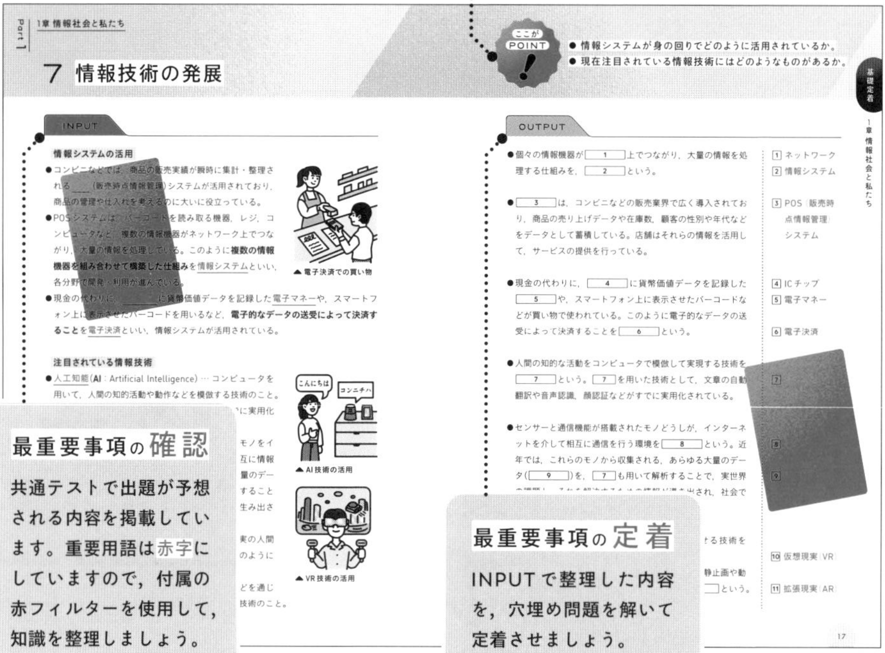
Part 1　1章 情報社会と私たち

7 情報技術の発展

ここが POINT
- 情報システムが身の回りでどのように活用されているか。
- 現在注目されている情報技術にはどのようなものがあるか。

INPUT

情報システムの活用

- コンビニなどでは，商品の販売実績が瞬時に集計・整理される＿＿(販売時点情報管理)システムが活用されており，商品の管理や仕入れを考えるのに大いに役立っている。
- POSシステムは，バーコードを読み取る機器，レジ，コンピュータなど，複数の情報機器がネットワーク上でつながり，大量の情報を処理している。このように**複数の情報機器を組み合わせて構築した仕組み**を情報システムといい，各分野で開発・利用が進んでいる。
- 現金の代わりに，＿＿に貨幣価値データを記録した電子マネーや，スマートフォン上に表示させたバーコードを用いるなど，**電子的なデータの送受によって決済すること**を電子決済といい，情報システムが活用されている。

▲電子決済での買い物

注目されている情報技術

- 人工知能(AI：Artificial Intelligence)…コンピュータを用いて，人間の知的活動や動作などを模倣する技術のこと。

▲AI技術の活用

▲VR技術の活用

OUTPUT

- 個々の情報機器が[1]上でつながり，大量の情報を処理する仕組みを，[2]という。
- [3]は，コンビニなどの販売業界で広く導入されており，商品の売り上げデータや在庫数，顧客の性別や年代などをデータとして蓄積している。店舗はそれらの情報を活用して，サービスの提供を行っている。
- 現金の代わりに，[4]に貨幣価値データを記録した[5]や，スマートフォン上に表示させたバーコードなどが買い物で使われている。このように電子的なデータの送受によって決済することを[6]という。
- 人間の知的な活動をコンピュータで模倣して実現する技術を[7]という。[7]を用いた技術として，文章の自動翻訳や音声認識，顔認証などがすでに実用化されている。
- センサーと通信機能が搭載されたモノどうしが，インターネットを介して相互に通信を行う環境を[8]という。近年では，これらのモノから収集される，あらゆる大量のデータ([9])を，[7]も用いて解析することで，実世界…

1 ネットワーク
2 情報システム
3 POS(販売時点情報管理)システム
4 ICチップ
5 電子マネー
6 電子決済
7
8
9
10 仮想現実(VR)
11 拡張現実(AR)

基礎定着　1章 情報社会と私たち

17

最重要事項の確認

共通テストで出題が予想される内容を掲載しています。重要用語は赤字にしていますので，付属の赤フィルターを使用して，知識を整理しましょう。

最重要事項の定着

INPUTで整理した内容を，穴埋め問題を解いて定着させましょう。

Part 2 直前対策

1 正誤チェック問題

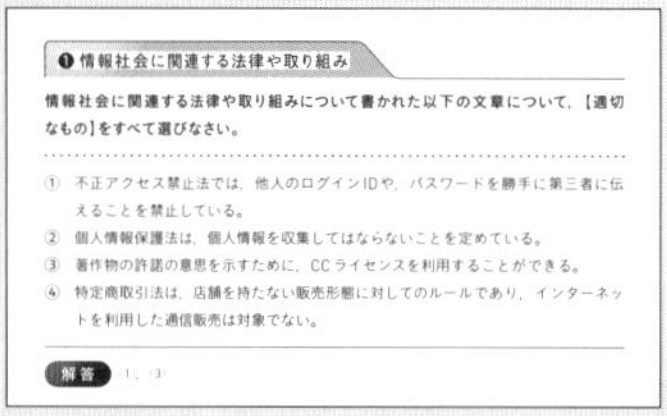
❶ 情報社会に関連する法律や取り組み

情報社会に関連する法律や取り組みについて書かれた以下の文章について，【適切なもの】をすべて選びなさい。

① 不正アクセス禁止法では，他人のログインIDや，パスワードを勝手に第三者に伝えることを禁止している。
② 個人情報保護法は，個人情報を収集してはならないことを定めている。
③ 著作物の許諾の意思を示すために，CCライセンスを利用することができる。
④ 特定商取引法は，店舗を持たない販売形態に対してのルールであり，インターネットを利用した通信販売は対象でない。

解答　①，③

文章を読んで正誤を判断する問題です。
知識が定着しているか確認しましょう。

2 共通テスト形式問題

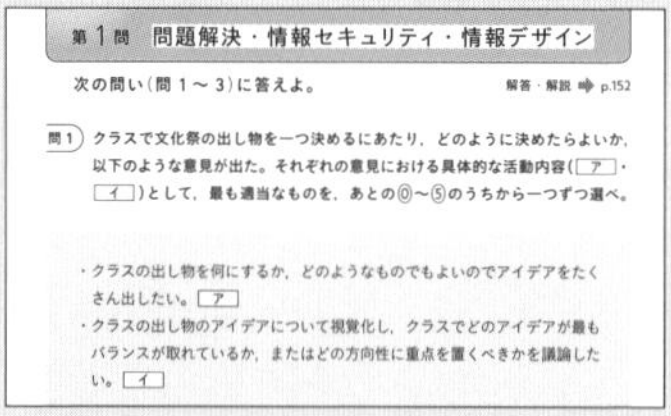
第1問　問題解決・情報セキュリティ・情報デザイン

次の問い(問1～3)に答えよ。　解答・解説 ➡ p.152

問1　クラスで文化祭の出し物を一つ決めるにあたり，どのように決めたらよいか，以下のような意見が出た。それぞれの意見における具体的な活動内容([ア]・[イ])として，最も適当なものを，あとの⓪～⑤のうちから一つずつ選べ。

・クラスの出し物を何にするか，どのようなものでもよいのでアイデアをたくさん出したい。[ア]
・クラスの出し物のアイデアについて視覚化し，クラスでどのアイデアが最もバランスが取れているか，またはどの方向性に重点を置くべきかを議論したい。[イ]

共通テストの出題形式にあわせた，実戦的な問題です。本番を意識して取り組みましょう。

もくじ

1 情報の特性

INPUT

情報とは

●観測された気温や湿度など，事実として得られたデータを，集計したり，整理したりすることで，それを見た人の行動を左右させることがある。この**判断材料になるもの**が情報である。また，その情報を一般化することで知識となり，蓄積される。

	最高気温[℃]	最低気温[℃]	湿度[%]	降水量[mm]
札幌	1.3	－2.3	70	3.5
秋田	13.3	3.9	49	5.5
新潟	16.0	8.8	55	22.0
仙台	15.5	5.5	49	9.5

⇨

▲データ(左)と情報(右)

情報の特性

●情報には，以下のような特性がある。

・残存性(消えない)… 一度つくられた情報は，完全に消えることがない。**情報は使っても無くならない。**

・複製性(複製が容易)… 情報は容易に複製(コピー)できる。特に，**デジタル化された情報は，劣化せずに大量に複製することが可能。**

・伝播(でんぱ)性(瞬時に広がる)… 情報は簡単に伝わりやすく広がりやすい。WebやSNSの利用により，個人でもデジタル化した**情報を瞬時に発信できる。**

▲残存性

▲複製性

▲伝播性

・情報の個別性 … 情報を得る目的や状況の違いなど，情報の価値や評価は人によって異なる。

・情報の目的性 … 発信された情報には発信者の意図が込められており，受信者はその意図を理解した上で利用することが望まれる。

ここが POINT !

● 情報とは具体的にどのようなものか。
● 情報の特性にはどのようなものがあるか。

OUTPUT

●情報は，人の記憶からは消えても，紙に記録したり，コンピュータに保存したりすると，完全に消えることはない。この性質を［ 1 ］という。

1 残存性

●情報は，容易に複製できる。この性質を［ 2 ］という。特に，［ 3 ］化された情報には，短時間で大量に複製でき，また［ 4 ］しないという特徴がある。

2 複製性
3 デジタル
4 劣化

●情報の持つ，伝わりやすく広がりやすい性質を［ 5 ］という。［ 3 ］化された情報は，インターネットを利用すると，瞬時に世界中に発信することができる。個人でもWebやSNSを利用すれば，容易に情報発信ができる。ただし，一度インターネット上に発信した情報は，不特定多数の人の目に触れる可能性が高いため，発信する内容には細心の注意を払う。

5 伝播性

●同じ情報でも，受信者の目的や状況によって，評価や［ 6 ］は異なる。
この性質を情報の［ 7 ］という。

6 価値
7 個別性

●発信された情報には，発信する側の［ 8 ］が込められている。この性質を情報の［ 9 ］という。
受信者はこのことを理解し，自分の目的に基づいて，受け取った情報を利用することが求められる。

8 意図
9 目的性

2 情報モラル

INPUT

情報モラル

- 情報社会において，適正な活動を行うためのもとになる考え方や態度のことを，情報モラルという。
- インターネット上の情報は，その特性により**瞬く間に広がる**。また，**簡単には消えない**。このため，投稿した内容が不特定多数の目に止まることで，批判や誹謗中傷(ひぼうちゅうしょう)などのコメントで溢(あふ)れかえり，収拾がつかなくなる場合がある。このような状況を，炎上という。

情報社会でのマナー，ルール

- 情報社会においても，「他人を不愉快にさせない」などのマナーが必要である。
- マナーは，最終的には個人の良心によるため，トラブルを完全に回避できるとは限らない。そういった場合には，状況に応じてルールを設定することが有効である。例えば，児童・生徒に対して保護者が，特定のサイトへのアクセスを制限するフィルタリング(➡p.80)といった機能を活用することなどが挙げられる。

情報社会に関する法律（一部）

- 不正アクセス禁止法…他人のパスワードなどを不正に取得する，またはそれ以外の方法で他人になりすまし，アクセスすることなどを禁止した法律。
- 個人情報保護法(➡p.8)…個人情報を取り扱う事業者や国，地方公共団体などに対して，情報の適切な管理や利用を義務付けた法律。
- 特定商取引法…ネットショッピングを含んだ商品の取引において，一定の表示の義務付けや誇大広告の禁止など，トラブルを防ぎ，消費者を救済するための法律。
- 青少年インターネット環境整備法…携帯電話事業者などにフィルタリングサービスなどの提供を義務付けた法律。

ここがPOINT!

- 情報社会におけるモラル，マナー，ルールとはどのようなものか。
- 情報社会で，個人の安全を守るための法律にはどのようなものがあるか。

OUTPUT

- [1]とは，情報社会で適正な活動を行うためのもとになる考え方や[2]のことをいう。

- [3]上の情報は，瞬く間に広がり，一度広まった情報は簡単には消えない。このため，誤った情報が原因となるトラブルが起こり，社会問題となることがある。

- 例えば，一部のSNSは[4]中心のコミュニケーションのため，[5]の意図が[6]の受信者に正確に伝わらず，批判や誹謗中傷のコメントが数多く届く場合がある。
このような攻撃的な発言や感情的なメッセージで溢れかえり，収拾がつかなくなることを[7]という。

- 情報社会では，[1]だけでなく，実生活と同様に[8]も必要である。[8]とは，情報社会で情報を取り扱う際の好ましい[9]や作法のことをいう。[8]で解決できない問題に対しては，[10]の設定が必要となる。児童・生徒がインターネットを利用する場合は，保護者が[11]を設定するといった例がある。これにより，児童・生徒を守ることができる。

- 情報社会にも関わる法律として，以下のようなものがある。
  - ・[12]禁止法
  - ・[13]保護法
  - ・特定[14]法
  - ・[15]インターネット環境整備法

1 情報モラル
2 態度
3 インターネット
4 文字
5 発信者
6 不特定多数
7 炎上
8 マナー
9 行動
10 ルール
11 フィルタリング
12 不正アクセス
13 個人情報
14 商取引
15 青少年

3 個人情報

INPUT

個人情報

▲SNSに掲載されるプロフィールの例

- 氏名，住所，生年月日，性別，電話番号，学歴，職業など，それ単体，またはそれらの組み合わせによって個人を識別できる情報のことを個人情報という。その中でも特に，**氏名**，**住所**，**生年月日**，**性別**を基本四情報という。
- 指紋やDNAなどの身体的な特徴，保険証や運転免許証の番号，マイナンバー(個人番号)なども，個人を識別できる情報として，個人情報保護法で定められている。
- 人種や社会的身分，犯罪の経歴などは，要配慮個人情報といい，人に知られることで不利益が生じる可能性があるため，取り扱いには特に注意が必要である。

プライバシー

- 個人の生活や個人情報などの**他人に知られたくない情報が，みだりに公開されない権利**をプライバシーという。
- プライバシー保護の対象には，マイナンバーや個人が特定できる顔写真なども含まれる。例えば，許可もなく他人を撮影したり，その写真をSNSなどで公開したりすることは認められていない。この権利を肖像権という。

個人情報に関する問題と保護

- サービスの提供を受ける代わりに，個人情報の提供を求められる場面は少なくない。個人情報の取り扱いにまつわる問題として，次のようなものに注意が必要である。
  - ・フィッシング詐欺(さぎ)…個人情報を収集する目的で，本物に似せたWebサイトに誘導して，ユーザIDやパスワードなどを入力させる行為。
  - ・スパイウェア…ソフトウェア利用者の情報を読み取り，情報収集者に自動で送信されるように仕組まれたソフトウェア。フリーソフトや電子メールの添付ファイルなどから，知らないうちにインストールされてしまう場合がある。
- 個人情報に対して適切な保護措置を行っている事業者などであることを示すプライバシーマークがある。

▲プライバシーマーク

ここがPOINT!

- どのようなものが個人情報に該当するか。
- プライバシーとその保護対象にはどのようなものがあるか。
- 個人情報の保護と管理では何に注意する必要があるか。

OUTPUT

- 氏名，住所，生年月日，性別，電話番号，学歴，職業など，それ単体，またはそれらの組み合わせによって個人を識別できる情報のことを［ 1 ］という。

1 個人情報

- ［ 1 ］の中でも，氏名，［ 2 ］，生年月日，性別の4つを，特に［ 3 ］という。

2 住所
3 基本四情報

- ［ 4 ］は，個人の権利や利益を保護する法律で，［ 1 ］を取り扱う事業者の義務を規定している。

4 個人情報保護法

- 流出することで，不当な差別や偏見が生じないように取り扱いに配慮が必要な情報を［ 5 ］という。人種，信条，社会的身分，犯罪歴，病歴などが当てはまる。

5 要配慮個人情報

- ［ 1 ］も含めて，他人に知られたくない情報を公開されない権利を［ 6 ］という。他人から干渉や侵害を受けないために，［ 6 ］に関係する情報の取り扱いには気を付けなくてはならない。

6 プライバシー

- 本人の許可なく写真を撮られたり，利用されたりしない権利を［ 7 ］という。

7 肖像権

- ［ 1 ］を不正に取得する詐欺の一つに，利用者を本物に似せたWebサイトに誘導し，ユーザIDや［ 8 ］を入力させる［ 9 ］がある。

8 パスワード
9 フィッシング詐欺

- ［ 1 ］の適切な保護措置をとっている事業者であることを示すものに，［ 10 ］がある。個人情報を提供する際の一つの判断材料になる。

10 プライバシーマーク

4 知的財産権①

INPUT

知的財産権

● 書籍の内容や新しい商品のデザインなども，**1つの情報で財産的な価値を持つ**。しかし情報である以上，その特性により簡単に複製できてしまうため，権利の所在が不明確になる可能性がある。そこで，財産的価値を守るために創作者に与えられる権利が知的財産権である。

● 知的財産権にはいくつか種類がある。創作物の種類により，権利の名称が異なり，産業に関するものを保護する産業財産権，主に文化に関するものを保護する著作権などがある。

・**産業財産権** … 特許庁に届け出て**登録されることで権利が発生**する，方式主義が採用されている。

・**著作権** … 届け出る必要がなく，**創作した時点で権利が発生**する，無方式主義が採用されている。

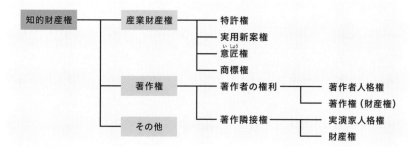

▲ 知的財産の例

- 知的財産権
  - 産業財産権
    - 特許権
    - 実用新案権
    - 意匠権
    - 商標権
  - 著作権
    - 著作者の権利
      - 著作者人格権
      - 著作権（財産権）
    - 著作隣接権
      - 実演家人格権
      - 財産権
  - その他

著作権の侵害と著作物の利用

● 著作権について定めた法律が著作権法である。

● 著作物を不法に複製して利用したり，許可なく改変したりした場合，民事（契約違反などのトラブル）では損害賠償などの請求，刑事（犯罪行為にあたる）では10年以下の懲役，または1000万円以下の罰金が科せられる。

● 著作物は，著作者や著作権者（➡p.14）から許諾を得ることができれば，著作権法に触れることなく使用することができる。

ここが POINT !

- 知的財産権とは具体的にどのようなものか。
- 産業財産権と著作権の違いは何か。
- 著作権法がどのように著作権を保護しているか。

OUTPUT

●知的創作によって生み出された，財産的価値を持つ情報に対し，創持者が保持する権利を［ 1 ］という。

1 知的財産権

●［ 1 ］は，［ 2 ］と著作権などから構成される。それぞれの特徴を下の表にまとめた。

2 産業財産権

	［ 2 ］	著作権
権利の対象	発明やロゴマークなど	著作物
権利が発生するタイミング	［ 3 ］に届け出て登録された時点	創作した時点

3 特許庁

●著作権は，知的活動によって創作した時点で権利が発生する，［ 4 ］である。それに対して［ 2 ］は，［ 3 ］へ届け出て，登録されることではじめて権利が発生する，［ 5 ］である。

4 無方式主義
5 方式主義

●著作権について定めた法律が［ 6 ］である。［ 6 ］は，著作者と著作物を守る法律のため，［ 7 ］に無断で著作物を利用した場合の罰則を定めているが，［ 7 ］から［ 8 ］を得られれば，著作物を使用することができる。

6 著作権法
7 著作者（著作権者）
8 許諾

●著作権法に触れる行為をした場合，民事では損害賠償などが請求される。刑事では，［ 9 ］年以下の懲役，または，［ 10 ］円以下の罰金が科せられる。

9 10
10 1000万

5 知的財産権②

INPUT

産業財産権

- 知的財産権のうち，**新しい技術やデザイン，ネーミング，ロゴマーク**などの創作者に対して与えられる権利を産業財産権といい，特許庁が管理している。
- 産業財産権には，**特許権**，**実用新案権**，**意匠**(いしょう)**権**，**商標権**の４つがあり，これらの権利は知的財産を一定期間，**独占的に使用**でき，**複製されないように保護**している。
  - 特許権…「発明」の権利を保護するもの。もの・方法の技術面のアイデア（発明）のうち，高度なものが対象となる。保護期間は，出願から20年間。
  - 実用新案権…製品の形状や構造などに関する「考案」を保護するもの。ものの形や構造などの技術面のアイデア（発明）のうち，早期実施できるものが対象となる。保護期間は，出願から10年間。
  - 意匠権…製品や商品の「デザイン」の権利を保護するもの。ものの外観（形状や模様，色彩など）が対象となる。保護期間は，出願から25年間。
  - 商標権…自社の商品・サービスの「ブランド」を保護するもの。他社の商品・サービスと区別するために使うマークやブランド名などが対象となる。保護期間は，**登録**から10年間（更新あり）。

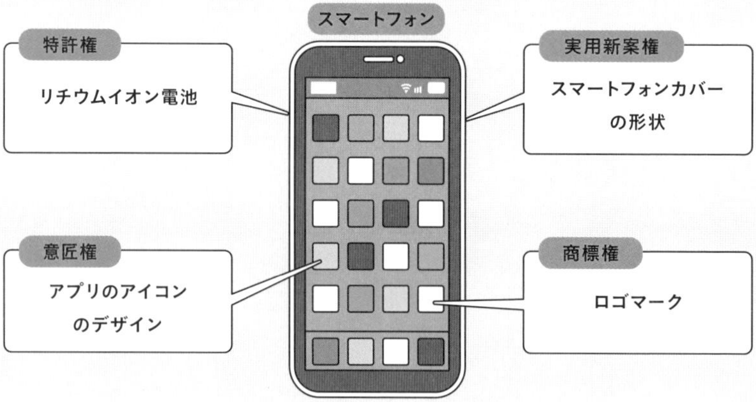

ここが POINT

- 産業財産権とはどのようなものか。
- 特許権，実用新案権，意匠権，商標権，それぞれの保護対象や保護期間はどうなっているか。

OUTPUT

●新しい発明や考案，デザイン，ロゴマークなどに対し，その創作者に一定期間，財産としての権利を認め，[1]に使用でき，複製されないように保護する権利を[2]という。

●[2]には，4つの権利があり，これらの権利を下の表にまとめた。

名称	保護の対象・保護期間
[3]	[4]の権利を保護。 もの・方法の技術面のアイデア（発明）のうち，高度なものが対象。 保護期間は，出願から[5]年間。
[6]	[7]の保護。 物品の形や構造などの技術面のアイデア（発明）のうち，早期実施できるものが対象。 保護期間は，出願から[8]年間。
[9]	[10]の権利を保護。 物品の外観（形状，模様，色彩など）が対象。 保護期間は，出願から[11]年間。
[12]	[13]の保護。 製造業者などが，自社製品であることや信用保持のために表示するロゴマークなどが対象。 保護期間は，[14]から[15]年間（更新あり）。

1 独占的
2 産業財産権

3 特許権
4 発明
5 20
6 実用新案権
7 考案
8 10
9 意匠権
10 デザイン
11 25
12 商標権
13 ブランド
14 登録
15 10

6 知的財産権③

INPUT

著作物と著作者

- 自分の考えや気持ちを，他人のまねでなく自分で工夫して，言葉や文字，形や色，音楽などといった形で表現したものを著作物という。
- 著作物を創作した人を著作者といい，複数人で1つのものを創作した場合，**創作に寄与した全員が著作者**となる。寄与したものが分けられるかどうかで，名称が異なる。

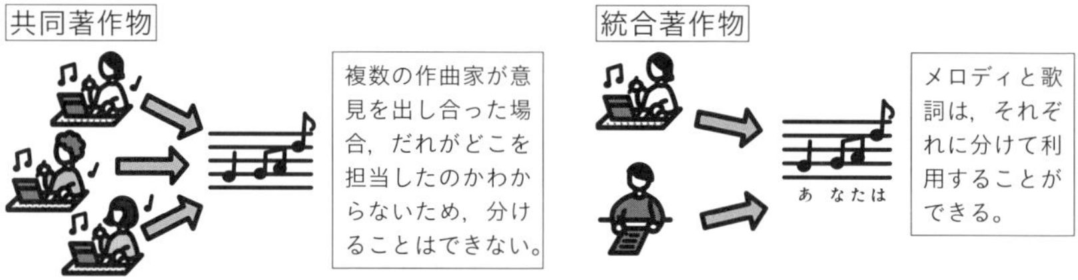

共同著作物
複数の作曲家が意見を出し合った場合，だれがどこを担当したのかわからないため，分けることはできない。
統合著作物
あなたは
メロディと歌詞は，それぞれに分けて利用することができる。

▲複数人で創作した著作物の違い

著作者の持つ権利

- 著作者は，著作者人格権と著作権（**財産権**ともいう）という2つの権利を持つ。
- **著作者人格権**は，著作者の人格的利益を保護する権利であり，公表権，氏名表示権，同一性保持権（著作物を無断で変更されない権利）がある。譲渡や相続はできない。
- **著作権**は，財産的な利益を保護する権利であり，一部または全部を譲渡したり，相続したりすることができる。この権利を持つ人を著作権者という。原則，著作者の死後70年が経過するまでが保護期間となる。

著作者以外の権利と著作権侵害にあたらない使用

- 実演家，レコード製作者，放送事業者などを著作隣接権者といい，実演したものを録画・録音（録画権・録音権）したり，インターネット上にアップロード（送信可能化権）したりできるなどの，著作隣接権が認められている。
- 引用や，私的目的，福祉目的，教育機関（営利目的の塾や予備校を除く）や図書館での複製は，著作者の権利を著しく侵害しない場合に限り，例外規定として認められている。

・引用元や引用部分を明確にすること。
・引用部分が全体に対して一部分であること。
・引用部分が本当に必要であること。
・引用部分を勝手に変えないこと。

▲引用時のルール

ここが POINT!

- 著作者はどのような権利を持っているのか。
- 著作隣接権とはどのようなものか。
- 著作権の例外規定とはどのようなものか。

OUTPUT

●知的財産権のうち，音楽や文学など，文化的な創作物を保護する権利を［1］といい，創作者のことを［2］，創作物のことを［3］という。

1 著作権
2 著作者
3 著作物

●複数人で創作した場合，寄与した全員が［2］となり，その寄与した内容が分けられるかどうかによって，著作物の名称が異なる。そのうち，寄与した内容が分けられない著作物を［4］という。

4 共同著作物

●［2］は，［2］自身の人格的利益を保護する［5］と，財産的な利益を保護する［1］の，2つの権利を持つ。［1］は，［6］とも呼ばれる。

5 著作者人格権
6 財産権

●［5］には，公表権，氏名表示権，［7］があり，譲渡や相続はできない。［1］は譲渡や相続ができ，［1］を持つ人を［8］という。［1］は原則，［2］の死後［9］年が経過すると消滅する。

7 同一性保持権
8 著作権者
9 70

●［3］を公衆に伝達する人や事業者を［10］といい，実演家，レコード製作者，放送事業者などを指す。［10］には［11］と呼ばれる権利があり，実演したものの録画・録音，インターネット上にアップロードするなどの権利が認められている。

10 著作隣接権者
11 著作隣接権

●［8］の許可なく［3］を利用すると著作権侵害となるが，例外的に，自分の文章中に［12］したり，私的使用のための［13］，教育機関や公共図書館，［14］目的での［13］は認められている。ただし，いずれも著作者の権利を著しく侵害しない場合に限る。

12 引用
13 複製
14 福祉

7 情報技術の発展

INPUT

情報システムの活用

▲ 電子決済での買い物

- コンビニなどでは，商品の販売実績が瞬時に集計・整理されるPOS（販売時点情報管理）システムが活用されており，商品の管理や仕入れを考えるのに大いに役立っている。
- POSシステムは，バーコードを読み取る機器，レジ，コンピュータなど，複数の情報機器がネットワーク上でつながり，大量の情報を処理している。このように**複数の情報機器を組み合わせて構築した仕組み**を情報システムといい，各分野で開発・利用が進んでいる。
- 現金の代わりに，ICチップに貨幣価値データを記録した電子マネーや，スマートフォン上に表示させたバーコードを用いるなど，**電子的なデータの送受によって決済すること**を電子決済といい，情報システムが活用されている。

注目されている情報技術

▲ AI技術の活用

▲ VR技術の活用

- 人工知能（**AI**：Artificial Intelligence）… コンピュータを用いて，人間の知的活動や動作などを模倣する技術のこと。文章の自動翻訳や音声認識，顔認証などが，すでに実用化されている。
- IoT（Internet of Things）… 身の回りのあらゆるモノをインターネットに接続することで，モノどうしが相互に情報のやり取りをする環境のこと。IoT内で得られた大量のデータ（ビッグデータ）を，人工知能も用いながら分析することで，私たちの生活をより良くするサービスなども生み出されている。
- 仮想現実（**VR**：Virtual Reality）… 仮想世界に現実の人間の動きを反映させて，あたかも現実世界にいるかのように感じさせる技術のこと。
- 拡張現実（**AR**：Augmented Reality）… カメラなどを通じて見た現実の世界の一部に仮想世界を反映させる技術のこと。

ここが POINT !

● 情報システムが身の回りでどのように活用されているか。
● 現在注目されている情報技術にはどのようなものがあるか。

OUTPUT

● 個々の情報機器が[1]上でつながり，大量の情報を処理する仕組みを，[2]という。

● [3]は，コンビニなどの販売業界で広く導入されており，商品の売り上げデータや在庫数，顧客の性別や年代などをデータとして蓄積している。店舗はそれらの情報を活用して，サービスの提供を行っている。

● 現金の代わりに，[4]に貨幣価値データを記録した[5]や，スマートフォン上に表示させたバーコードなどが買い物で使われている。このように電子的なデータの送受によって決済することを[6]という。

● 人間の知的な活動をコンピュータで模倣して実現する技術を[7]という。[7]を用いた技術として，文章の自動翻訳や音声認識，顔認証などがすでに実用化されている。

● センサーと通信機能が搭載されたモノどうしが，インターネットを介して相互に通信を行う環境を[8]という。近年では，これらのモノから収集される，あらゆる大量のデータ([9])を，[7]も用いて解析することで，実世界の課題と，それを解決するための情報が導き出され，社会で有効活用されている。

● 現実世界での人の動きを，仮想世界に反映させる技術を[10]という。
逆に，カメラなどを通じて見た現実世界の一部に静止画や動画を付加し，仮想世界を反映させる技術を[11]という。

1 ネットワーク
2 情報システム
3 POS（販売時点情報管理）システム
4 ICチップ
5 電子マネー
6 電子決済
7 人工知能（AI）
8 IoT
9 ビッグデータ
10 仮想現実（VR）
11 拡張現実（AR）

8 メディアの特性①

INPUT

メディアの分類

●情報を伝えるための**仲介役**となるものがメディアである。メディアには，**表現メディア**，**記録メディア**，**通信メディア**，**伝達メディア**(➡p.20)などがある。

表現メディア

●情報を表現する手段を表現メディアといい，次のようなものがある。

文字	詳しく具体的に伝えることができる。例えば，場所と時間を文字で伝えることで人と会うことができる。
図形	簡潔に伝えることができる。言葉で伝えづらい「イメージ」を伝えられる。
音声	視覚を伴わずとも受け取れ，リアルタイムで情報を伝えられる。

静止画	短時間で多くの情報を伝えることができる。
動画	圧倒的な情報量と臨場感を伝えることができる。

記録メディア

●データを記録する媒体の種類や，媒体そのもののことを記録メディアという。例えば，BD (Blu-ray Disc)やフラッシュメモリ，HDD (Hard Disk Drive)，SSD (Solid State Drive)などがある。これらに情報を保存すると，そのもの自体が破損したり，データを書き換えたりしない限り，情報は残り続ける。そのため，それらの情報を読み取る機器があれば，**時間が経っても，同じ情報を伝達，共有することができる。**

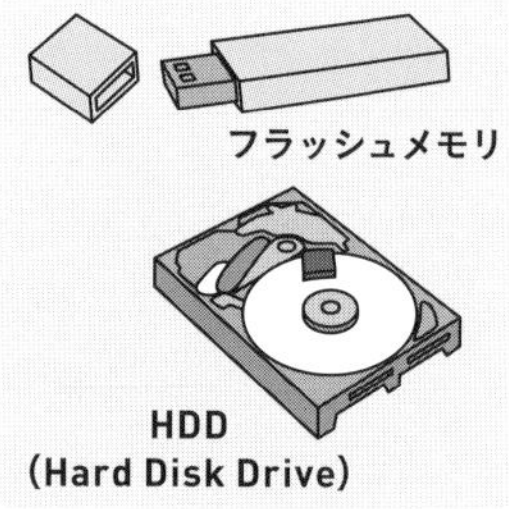

▲記録メディアの例

通信メディア

●情報を離れた場所に伝達するものを通信メディアという。例えば，LAN(ラン)ケーブルや光ファイバ，スマートフォンなどで使用される無線の電波がこれにあたる。**リアルタイムの出来事や情報を，離れた人とも共有することができる。**

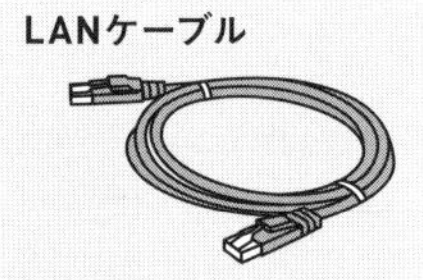

▲通信メディアの例

ここが POINT!

- メディアにはどのようなものがあるか。
- 表現メディアにおけるさまざまな手段の特性は何か。
- 記録メディア・通信メディアの具体的な特性は何か。

OUTPUT

● 発信者から受信者に情報が届けられる際，その仲介役となるすべてのものを［ 1 ］という。［ 1 ］には，［ 2 ］，記録メディア，通信メディア，伝達メディアなどがある。

● 情報を表現する手段として，［ 3 ］，［ 4 ］，［ 5 ］，［ 6 ］，［ 7 ］などがあり，これらを総称して［ 2 ］と呼ぶ。それぞれの特徴を下の表にまとめた。

［ 3 ］	詳しく具体的に伝えられる。情報量が多くなると，受け手は読むのに要する時間は多くなる。
［ 4 ］	簡潔に伝えられる。言葉で伝えづらい「イメージ」を伝えることができる。
［ 5 ］	視覚を伴わずとも受け取れ，リアルタイムで情報を伝えられる。時間の経過とともに，情報が流れるため再生時間の制約を受ける。
［ 6 ］	［ 8 ］で多くの情報を伝えられる。写真やポスターなどがある。
［ 7 ］	圧倒的な情報量と臨場感を伝達できる。スポーツなど動きがある情報の伝達に向いている。再生時間の制約を受ける。

● メディアには，用途によって［ 9 ］と［ 10 ］がある。それぞれの特徴を下の表にまとめた。

	［ 9 ］	［ 10 ］
用途	情報を記録・［ 11 ］し，時間的に伝達する。	情報を離れた［ 12 ］へと空間的に伝達する。
代表的な例	・紙 ・光ディスク（CD，DVD，BD） ・フラッシュメモリ ・HDD，SSD	・通信機器 ・通信ケーブル（LANケーブル，光ファイバ） ・［ 13 ］の電波

1 メディア
2 表現メディア
3 文字
4 図形
5 音声
6 静止画
7 動画
8 短時間
9 記録メディア
10 通信メディア
11 保存
12 場所
13 無線

9 メディアの特性②

INPUT

伝達メディア

- 情報を伝える手段のことを伝達メディアという。例えば，新聞やテレビ，インターネット，SNS（Social Networking Service）などである。

マスメディア

- 「マス＝大衆」に対して情報伝達する手段や媒体をマスメディアという。不特定多数の受信者に多様な情報を伝達する，新聞・雑誌・テレビ・ラジオなどを指す。主に発信者から受信者への**一方向の情報伝達**である。
- 電話やインターネットは，**双方向の情報伝達**が可能なメディアである。

▲ 一方向の情報伝達

▲ 双方向の情報伝達

情報社会を生きるために必要な能力

- インターネットやテレビ，新聞などのメディアの特性を理解した上で使いこなし，**メディアの伝える情報を正確に理解する能力**，また**正確に情報を表現・発信する能力**をメディアリテラシーという。
- インターネット上にはたくさんの情報が存在しているが，そのすべての情報の信憑性（しんぴょうせい）（内容が正しいか）は保証されていない。不正アクセスによる書き換えやバグ（プログラムの誤り），人為的なミスなどにより，情報の信頼性（正しいまま伝わっているか）が損なわれる可能性もある。そのため，得られた情報をそのまま信用せず客観的にとらえ，他の情報と比較し，正しい情報か見極める力を身に付けることが求められる。

ここが POINT !

● マスメディアとインターネットの情報メディアの違いとはどのようなものか。

● メディアリテラシーとして求められる力にはどのようなものがあるか。

OUTPUT

●情報を伝えるためのメディアを［ 1 ］という。

●主に，大衆に向けて，［ 2 ］に情報を伝達するメディアを［ 3 ］という。［ 3 ］は，［ 4 ］の受信者へ情報を伝えることができるメディアで，文字や図形，静止画などを用いた新聞・書籍・雑誌，音声や動画を用いたテレビなどが該当する。一方で，電話やインターネットは，発信者と受信者が，［ 5 ］に情報を伝達することが可能である。近年のテレビでは，双方向の情報伝達が可能なこともある。

●インターネット上で送受信されている情報は，発信者の不注意による誤った情報もあれば，意図的に発信された偽りの情報もある。その他にも，［ 6 ］による情報の書き換え，ハードウェアの故障，人為的なミス，［ 7 ］(プログラムの誤り)などにより，正しい情報が損なわれている可能性があることも理解しておく。

●情報社会では，インターネットやテレビ，新聞などのさまざまなメディアが伝える情報を客観的にとらえ，情報の［ 8 ］を見極め，活用できる力が求められる。このように，メディアの伝える情報を適切に使いこなす能力を［ 9 ］という。

1 伝達メディア

2 一方向

3 マスメディア

4 不特定多数

5 双方向

6 不正アクセス

7 バグ

8 信頼性（信憑性）

9 メディアリテラシー

10 コミュニケーションの分類

INPUT

コミュニケーションとは

● 人と人との間で，意思や感情などを伝達・共有することをコミュニケーションという。コミュニケーションは，**人数**や**位置関係**，**同期性**(**時間を共有しているか**)によって分類することができ，場面や共有する内容によって最適な方法を選ぶ必要がある。

人数による分類

分類	人数，やり取りの特徴
個別型 (1対1)	お互いが情報の発信者・受信者になる。他人に公開したくない情報を共有するのに適している。
マスコミ型 (1対多)	1人が発信者で，多数の人が同じタイミングで，同じ情報を共有することができる。
逆マスコミ型 (多対1)	多数の人が発信者で，1人が受信者となる。
会議型 (多対多)	3人以上が互いに対等で，かつそれぞれが発信者・受信者となり，情報を共有できる。

▲ マスコミ型

▲ 会議型

位置関係による分類

● **同じ空間内にいる相手**と情報交換する直接コミュニケーションと，**物理的に離れたところにいる相手**と情報交換する間接コミュニケーションの2つがある。

▲ 間接コミュニケーション

同期性による分類

● 相手の反応をすぐに確認できる同期型コミュニケーション(電話やビデオ通話など)と，リアルタイムでは相手の反応がわからない非同期型コミュニケーション(電子メールやWebページなど)がある。

ここが POINT !

● コミュニケーションはどのような観点で分類されるか。
● コミュニケーションの形態ごとにどのような特徴があるか。

OUTPUT

●人と人との間で，意思や感情，思考を伝え合うことを［ 1 ］という。［ 1 ］は，情報を共有する際の人数，位置関係，［ 2 ］を考慮して，適切な方法や［ 3 ］を選択する必要がある。

●発信者と受信者の人数による［ 1 ］の分類を，下の表にまとめた。

分類	人数，やり取りの特徴
［ 4 ］型（1 対 1）	［ 5 ］が情報の発信者・受信者になる。人に知られたくない情報を伝え合うのに適している。
［ 6 ］型（1 対多）	1 人が発信者で，多数の人が同じタイミングで，同じ情報を共有することができる。
［ 7 ］型（多対 1）	多数の人が発信者で，1 人が受信者となる。
［ 8 ］型（多対多）	3 人以上が互いに［ 9 ］で，それぞれが情報の発信者・受信者になる。

●発信者と受信者の位置関係によっても，［ 1 ］を分類することができる。同じ空間内にいる相手と情報交換する［ 1 ］を［ 10 ］，物理的に離れたところにいる相手と情報交換する［ 1 ］を［ 11 ］という。

●発信者と受信者の間の［ 2 ］によっても，［ 1 ］を分類することができる。電話やビデオ通話などのように，相手の反応を確認できる［ 12 ］と，電子メールやWebページのように，リアルタイムでは相手の反応が確認できない［ 13 ］がある。

1 コミュニケーション
2 同期性
3 メディア
4 個別
5 お互い
6 マスコミ
7 逆マスコミ
8 会議
9 対等
10 直接コミュニケーション
11 間接コミュニケーション
12 同期型コミュニケーション
13 非同期型コミュニケーション

11 インターネット上でのコミュニケーション

INPUT

情報の記録性と拡散

- 人と人が向かい合ってのコミュニケーションでは，メモを取ったり録音したりしない限り記録に残らないが，インターネット上のコミュニケーションでは「どこから」「どのサイトに」「いつアクセスしたか」などの**アクセス記録**が残る。

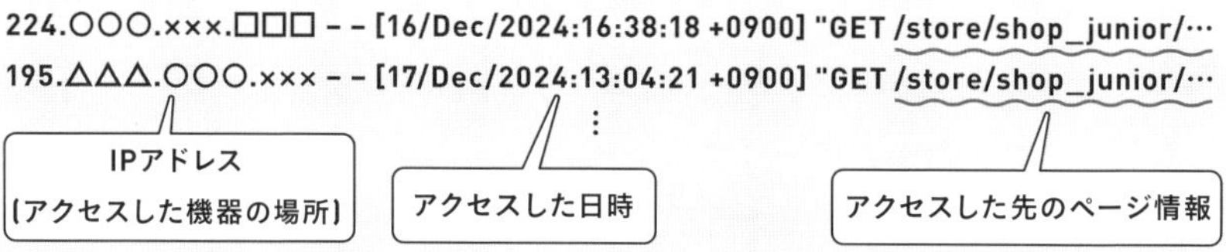

▲ アクセス記録の例

- 情報の特性から，インターネット上に公開された内容は簡単に複製できてしまうため，SNSなどを通じて情報が**拡散**されやすい。そして，**一度拡散してしまった情報を完全に消去することは難しい。**

情報の信憑性

- 情報や証言などの，信用できる度合いのことを，情報の**信憑性**という。SNSなどでは，**フェイクニュース**をはじめとした虚偽の情報が流れていることもあるため，情報の信憑性を見極める必要がある。

情報の匿名性

- インターネット上では，実名を公開せずに**匿名**やハンドルネームなどで情報を送受信することもできる。
- 匿名であることは必ずしもメリットだけではなく，デメリットもあるため，状況に合わせて実名，匿名を選択する必要がある。信憑性などの観点から実名を公開する方が適切な場合もある。アクセス記録から，「だれが送受信したのか」などを調べられるため，**匿名性は完全には保証されない。**

	実名	匿名
メリット	信憑性の高い情報になりやすい。	自由に発言しやすい。
デメリット	個人を特定されやすい。	誹謗中傷などが起こりやすい。

ここが POINT!

● インターネット上でのコミュニケーションの特徴はどのようなものか。
● インターネット上でやり取りされる情報の特性にはどのようなものがあるか。

OUTPUT

●インターネット上でのやり取りでは常に「いつ」「どのような情報機器やソフトウェアから」「どのような情報にアクセスしたか」「どのような処理をしたか」などの記録が残る。この記録を［ 1 ］といい，サーバやネットワークの管理者は確認することができる。

1 アクセス記録

●一度公開された情報は，容易に［ 2 ］でき，SNSなどを通じて［ 3 ］されやすく，完全に［ 4 ］することは難しい。そのため，責任を持って発信することが重要となる。

2 複製
3 拡散
4 消去

●情報や証言などの，信用できる度合いのことを，情報の［ 5 ］という。

5 信憑性

●インターネット上には，不確かな情報や，意図的に事実と異なる虚偽の情報(ニュースでは［ 6 ］などと呼ばれる)が流れることもある。情報を受信する側は得た情報をそのまま活用するのではなく，情報が正しいか，一度確認する習慣が必要である。

6 フェイクニュース

●インターネット上では，実名を公開せずに［ 7 ］やハンドルネームなどで情報の送受信ができる。［ 7 ］での情報発信は，立場にかかわらず自由に発言できるため，やり取りが活発になりやすいが，誹謗中傷やストーカー行為などに巻き込まれることもあるため，注意が必要である。

7 匿名

●実名の場合，個人を［ 8 ］しやすく，無責任な発言がしづらいため，［ 5 ］の高い情報と判断しやすい。

8 特定

12 インターネットコミュニケーションの種類

INPUT

インターネットのコミュニケーション手段

●インターネットを介したコミュニケーションには，以下のようなものがある。

・**電子メール(e-mail)** … **文字を中心**とするメッセージを送受信するシステム。送り先の指定として，「**宛先**(To)」「**CC** (Carbon Copy)」「**BCC** (Blind Carbon Copy)」があり，**同時に複数の人に送信できる**(同報性)。

・**電子掲示板**(BBS) … あるトピックに対してメッセージを記録したり，そのメッセージに対して返事を書き込むことができる，文字中心のコミュニケーションシステム。不特定多数が閲覧(えつらん)・発言ができるため，誤解を与えたり感情的な表現でのやり取りに発展したりするケースもある。

・**メッセージアプリ** … 個人間，またはグループ間で，文字だけでなく**イラストや写真のやり取り**，**通話**などが可能な，コミュニケーションアプリ。

・**ビデオ通話** … テレビ電話とも呼ばれる，リアルタイムにお互いの映像を見ながら会話できるサービス。ビジネスではこのサービスを利用して会議を行うこともあり，Web会議などと呼ばれることもある。

・**ブログ**(blog) … 自分の持つ情報や経験，日記などを掲載するWebサイトのこと。「ウェブにログ(記録)する」を短くしてできた「ウェブログ」という造語を，さらに簡略して「ブログ」となった。ブログの閲覧者は感想(コメント)を投稿することができる。

・**SNS (Social Networking Service)** … ユーザどうしがつながれるような場所を提供するインターネットサービスの総称。自分の持つ情報や感想を投稿したり，他人の投稿に対してコメントや「いいね」などでコミュニケーションを取ったりすることができる。

・**Webメール** … ブラウザ上で電子メールの閲覧，送受信ができるサービスのこと。サーバ上にメッセージが保存されているため，インターネットに接続できる環境であれば端末を問わずに利用することができる。

・**動画投稿サイト** … ユーザが作成した動画を投稿(アップロード)して，他人と共有したり，その動画を視聴したりすることができるサイトのこと。動画共有サイトともいう。動画はブラウザを通じて**ストリーミング**方式(音楽や動画のデータを受信しながら同時に再生する技術)で再生される場合が多い。

ここが POINT!

- インターネットを介したコミュニケーションにはどのような種類があるか。
- それぞれのコミュニケーション手段が，どのような用途でどのように使われるか。

OUTPUT

●インターネットの各種コミュニケーション手段を下の表にまとめた。

名称	特徴や機能
1	インターネット上で，文字を中心とするメッセージを送受信するシステム。送り先に複数のメールアドレスを設定することで，同時に 2 の人に送信することもできる。この特徴を 3 という。
4	あるトピックについてメッセージを記録したり，それに対して返事を書き込んだりするシステム。
5	チャット形式でのメッセージのやり取りや通話などが可能なアプリの総称。
6	お互いの 7 を映しながら 8 に会話が可能。テレビ電話やWeb会議ともいう。
9	自分の持つ情報や経験などを公開するウェブサイト。閲覧者によるコメント投稿機能などがある。
10	ユーザどうしの交流やつながりを持つための場所を提供するサービスの総称。投稿でさまざまな情報を発信したり，他人の投稿に対して「いいね」などの反応をしたりすることができる。
11	ブラウザ上で電子メールの閲覧，送受信ができるサービス。サーバ上にメッセージが保存されるため専用のソフトは不要で， 12 に接続していれば端末を問わずに利用可能。
13	利用者が作成した動画をアップロードし，不特定多数の利用者と 14 したり，視聴したりすることができるサービス。動画は 15 方式で再生される場合が多い。

1 電子メール（e-mail）
2 複数
3 同報性
4 電子掲示板（BBS）
5 メッセージアプリ
6 ビデオ通話
7 映像
8 リアルタイム
9 ブログ
10 SNS
11 Webメール
12 インターネット
13 動画投稿サイト（動画共有サイト）
14 共有
15 ストリーミング

13 情報デザイン

INPUT

情報デザインとは

●人とのコミュニケーションやさまざまな問題の解決には，コミュニケーションの手段や使用するメディアだけでなく，**相手にわかりやすく表現**することも重要な要素である。そのための表現の工夫やデザインの手法のことを情報デザインという。

情報デザインの手法

●情報をわかりやすくするための手法には，抽象化，可視化，構造化などがある。
- 抽象化… デザインする対象の**特徴的な要素を抜き出して，よりシンプルにする**表現手法。
- 可視化… 人が直接見ることのできない**現象や関係性を，図や表，グラフ，画像などの形にする**表現手法。
- 構造化… **物事を分解・分類し，関係性を整理する**表現手法。

▲ 抽象化の例（ピクトグラム）

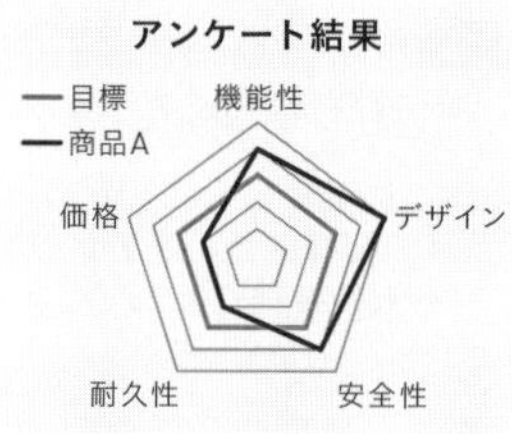

▲ 可視化の例（レーダーチャート）

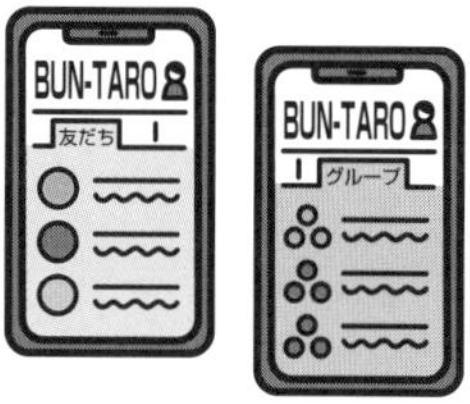

▲ 構造化の例（アプリの階層）

デザイン制作の流れ

●情報デザインに限らず，商品やサービスのよりよいデザイン（課題）を考える際，ユーザの要望や行動をもとにその課題の解決を目指す，という進め方がある。この考え方をデザイン思考といい，以下の流れに沿って行われる。

①共感… 想定したユーザの思考やふるまいを分析する。
②定義… 取り組むべき課題を明確にする。
③発想… 課題解決のためにアイデアを出す。
④試作… アイデアをもとに試作品を作成する。
⑤検証… 試作品を提示して評価する。

ここが POINT !

- 情報デザインとはどのようなものか。
- 情報デザインには具体的にどのような手法があるか。
- デザイン思考とはどのようなものか。

OUTPUT

● 効果的なコミュニケーションや［ 1 ］のためには，情報を整理したり，相手にわかりやすく表現したりすることが必要である。これらを目的としたデザインの手法を，特に［ 2 ］と呼び，さまざまな手法がある。

● ［ 2 ］のいくつかの手法の特徴と，その代表的な例を下の表にまとめた。

手法	手法の特徴と代表例
［ 3 ］	対象の要点を抜き出し，余分な情報をなるべく除いて，シンプルに表現する手法。ピクトグラムやアイコン，案内誘導板など。
［ 4 ］	データや目には見えない事柄を，図やグラフなどの視覚的表現を使って伝える手法。図や表，グラフなど。
［ 5 ］	物事を分解・分類し，ある基準に沿って整理し，その構造を明らかにする手法。Webページのメニューやページレイアウトなど。

● ［ 2 ］の考えに基づいて，ユーザのニーズを起点とし，それを解決するアイデアを試行錯誤(さくご)しながら形にしていく手法を［ 6 ］という。

● ［ 6 ］の流れ

［ 7 ］→定義→発想→［ 8 ］→［ 9 ］

- ［ 7 ］では，ユーザの思考やふるまいを［ 10 ］する。
- 「定義」では，取り組むべき課題を明確にする。
- 「発想」では，課題解決のためのアイデアを出す。
- ［ 8 ］では，アイデアをもとにして試作品を制作する。
- ［ 9 ］では，試作品の評価を受け，さらなる改良を目指す。

1 問題(の)解決
2 情報デザイン
3 抽象化
4 可視化
5 構造化
6 デザイン思考
7 共感
8 試作
9 検証
10 分析

14 ユニバーサルデザイン

INPUT

ユニバーサルデザインとは

●年齢や性別，文化の違い，障がいの有無などによらず，誰にとっても「わかりやすい」・「使いやすい」ことを意識して作られたデザインを，ユニバーサルデザインという。

デザインのわかりやすさと使いやすさ

●デザインにおけるわかりやすさや使いやすさの指標として，**アクセシビリティ**と**ユーザビリティ**の２つが挙げられる。

・アクセシビリティ … **誰にとっても，製品やサービスを等しく利用することができるか**，で判断する。その中でも特に，Web上において，高齢者や障がい者でも問題なく到達（アクセス）し利用できるかをWebアクセシビリティという。

・ユーザビリティ … **製品やサービスを実際に利用したときに使いやすいかどうか**，で判断する。例えば，Webサイトやアプリの操作性に対して使用し，ユーザが簡単にストレスなく操作できるとき，「ユーザビリティが高い」と表現する。

ユーザインタフェースとは

●**製品やサービスと，ユーザをつなぐ役割**を果たす部分のことをユーザインタフェース（UI）という。タッチパネルや，Webページ上に表示される画面のデザインなどが該当し，わかりやすい仕組みやデザインが必要とされる。

ユーザエクスペリエンスとは

●製品やサービスを使用したユーザが得られる，使いやすさに対する印象や，感動したり興味深く感じたりした体験のことをユーザエクスペリエンス（UX）という。

●Webページなどで画面が途切れていると，スクロールして，その続きを確認しようとする。このように，**意図した行動につながる仕組み**をシグニファイアといい，製品やサービスの使いやすさに関連する要素である。

▲シグニファイアの例

ここが POINT !

- ユニバーサルデザインは何を意識して作られたものか。
- デザインのわかりやすさと使いやすさとはどのようなものか。
- ユーザインタフェースとはどのようなものか。

OUTPUT

●誰にとってもわかりやすく，使いやすい設計のことを [1] という。年齢や国籍などの違いだけでなく，能力や [2] の有無にもよらず，誰もが使いやすいように設計されたデザインであることを示す。

●デザインのわかりやすさや使いやすさを評価する基準に，必要とする情報への到達（アクセス）のしやすさのことを指す [3] と，製品やサービスの使いやすさのことを指す [4] の 2 つがある。
特にWebページについて，障がい者や [5] でも問題なくアクセスでき，利用できるかを [6] という。

●Webページやアプリなどの [7] が良く，ユーザがストレスなく簡単に使えている状態を，「[4] が高い」と表現する。

●製品やサービスと，ユーザをつなぐ役割をする部分を [8] という。アプリのアイコンやWebページに表示されるボタン，画面のレイアウトなど，ユーザが直接触ったり，見たりする部分のことをいう。

●ユーザが製品やサービスを通じて得られる体験のことを [9] という。[9] は，使いやすさだけでなく，印象や感動なども含まれる。人間の行動を促すデザインの仕組みを [10] といい，[4] を高める重要な要素となる。

1 ユニバーサルデザイン
2 障がい
3 アクセシビリティ
4 ユーザビリティ
5 高齢者
6 Webアクセシビリティ
7 操作性
8 ユーザインタフェース
9 ユーザエクスペリエンス
10 シグニファイア

15 文書の作成

INPUT

文書の作成の手順

● 文書作成ソフトを利用して，レポートや報告書，論文などを人にわかりやすく作るには，以下の手順に沿って，文書の内容や配置の検討，調整をするとよい。

①デザインを含めたレイアウトの検討 … 文書の配置や図，グラフなどを利用するといった，文書の全体的なデザインの検討を行う。

②文書の目次・構成案の作成 … レポートや論文は，序論・本論・結論で構成する。本論では，調査・実験方法，結果と考察などを述べる。

③必要に応じた調査や実験の実施 … 具体的な調査方法を検討した上で，調査・実験を実施する。必要に応じて参考資料(一次資料，二次資料)を活用し，レポート・論文の最後に参考文献として記載する。著作物の一部を引用(➡p.14)する場合は，引用元を明確にする。

- **一次資料** … 書籍や論文などの，**独自の調査や研究，考察などをまとめた資料。**
- **二次資料** … **一次資料の情報をもとにして，整理・編集された資料。**

④全体レイアウトの調整 … 文字のフォントやサイズ，スタイル，および，配置を変えて視覚的な効果を考える。例えば，タイトルや見出し，重要な用語はゴシック体とし，本文は明朝体とする，表やグラフ，画像などを必要に応じて挿入するなど。

⑤印刷プレビューにて確認 … 文書全体の構成・配置を見直して調整する。図や表が入る場合には，「図 1」「表 2」のような通し番号とタイトルを入れる。表の場合には表の上に，図の場合には図の下に入れる。小見出しには項目番号を付けて，本文には**インデント(字下げ)**を用いて左端の位置をそろえることで，より読みやすくなる。

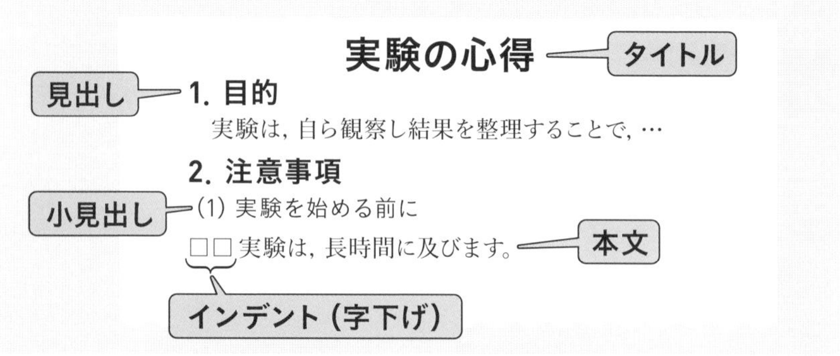

ここが POINT !

● 人にわかりやすく伝えるための文書はどのような手順で作成したらよいか。

OUTPUT

●文書作成ソフトを利用して，報告書やレポート，論文などを作成するときの手順，およびそれぞれの注意点などを以下にまとめた。

①［ 1 ］の検討をする。
②文書の［ 2 ］を考える。
③必要に応じて，［ 3 ］や実験を行う。
④［ 4 ］を調整する。
⑤［ 1 ］の確認をする。

・①では，文書や図の全体的な配置を考える。
・文書は，
(1)［ 5 ］：テーマや目的を簡潔に述べる。
(2)［ 6 ］：調査・実験の方法を述べ，次に実際に得られた［ 7 ］と，その［ 7 ］に対する［ 8 ］を行う。
(3)［ 9 ］：全体のまとめと，残された課題を示す。
の３つから構成される。
・実験や調査を行う以外に，必要に応じて書籍や論文などを参考にする。参考にした場合は，最後に［ 10 ］として記載する。すでに公表されている著作物の一部を文書に掲載することを［ 11 ］という。
・［ 10 ］には，独自性のある書籍や論文を指す［ 12 ］資料と，［ 12 ］資料を整理・編集した［ 13 ］資料と呼ばれるものがある。
・文書内で用いた表や図には，通し番号と［ 14 ］を付ける。表の場合には，表の［ 15 ］に配置し，図の場合には図の［ 16 ］に配置する。また，小見出しには項目番号を振り，［ 17 ］で左端をそろえるなどの調整を行う。

1 レイアウト
2 構成
3 調査
4 全体レイアウト
5 序論
6 本論
7 結果
8 考察
9 結論
10 参考文献
11 引用
12 一次
13 二次
14 タイトル
15 上
16 下
17 インデント（字下げ）

16 プレゼンテーション

INPUT

プレゼンテーションとは

●アイデアなどを相手に効率よく伝える手法として，プレゼンテーションがある。プレゼンテーションではスライドという**説明の補助となる資料**が必要である。ここでは専用のソフトウェアを使用したスライドの作成から発表，そのあとの流れを整理する。

プレゼンテーションの準備と実施

●以下の手順に沿って準備を行い，プレゼンテーションを実施する。この際，PDCAサイクルを意識して，資料の作成，発表の準備を行うようにする。PDCAサイクルとは，Plan（計画），Do（実行），Check（評価），Action（改善）の頭文字をとったもので，**このサイクルにのっとることで，資料や発表の中身を継続して改善させることができる。**

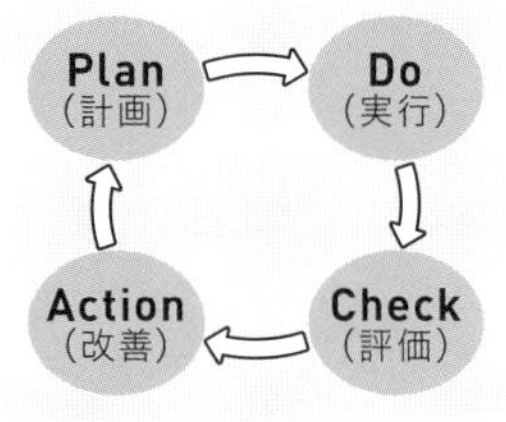

▲ PDCAサイクル

①**企画**…テーマを定め，必要な情報を収集・分析する。内容は，導入・展開・まとめの3つで構成する。**発表日時，対象者，発表形式などをまとめたプランニングシート**を作成しておく。

②**スライドの作成**…テンプレートやスライドマスタを使用して，デザインの統一されたスライドを作成する。文字は大きく，文章のみでの表現を避け，配色も工夫する。スライドマスタとはスライドのデザインを統一的に扱うための機能で，デザインを変更する際に文字の大きさや形などを一括で変換することができる。

③**リハーサル**…あらかじめチェックシート（話し方や態度などの注意点を記載したリスト）を用意し，意識しながらリハーサルを行う。必要に応じて原稿を作成しておく。

④**実施**…発表者はスライドを表示しながら，プレゼンテーションを行う。このとき，聞き手のことを意識した適切な声量，スピードで発表する。

⑤**評価・改善**…発表を聞いた相手から評価してもらう。評価の結果を確認し，次回の発表の改善に生かす。このように，今後の資料作成や発表の仕方に生かし改善するための評価の内容や反省点のことをフィードバックという。

ここが POINT!

● プレゼンテーションとはどのようなものか。
● プレゼンテーションの実施までの手順を理解する。

OUTPUT

● 相手に自分の考えやアイデアを直接効率よく伝える手法に，［ 1 ］がある。

● ［ 1 ］の手順と，各手順の注意点などを以下にまとめた。

① ［ 2 ］
② ［ 3 ］の作成
③ ［ 4 ］
④ ［ 5 ］
⑤ ［ 6 ］・改善

この手順を何度も繰り返すことで，さらに内容が良くなる。

・［ 2 ］では，テーマを決め，必要な情報を収集し分析する。内容は，導入・展開・まとめの順で構成する。発表の日時や場所，形式，参加者などを［ 7 ］にまとめておく。
導入では，テーマや目的，概要を簡潔に述べる。
展開では，内容を順序立てて示す。
まとめでは，主張をまとめる。

・スライドは，テンプレートや［ 8 ］を利用するなどして，［ 9 ］を統一し，見やすく作成する。

・［ 4 ］では，事前に話し方や態度，内容についての［ 10 ］を用意し，意識しながら行う。必要に応じて，［ 11 ］を作成しておく。

・発表者（プレゼンター）はスライドを表示しながら，聴衆を意識して発表を行う。発表後には，聴衆から［ 6 ］してもらい，［ 12 ］として参考にし，改善を行う。このように，Plan（計画）・Do（実行）・Check（評価）・Action（改善）の流れに沿って何度も繰り返し，内容を改善していく手法を［ 13 ］という。

1 プレゼンテーション
2 企画
3 スライド
4 リハーサル
5 実施
6 評価
7 プランニングシート
8 スライドマスタ
9 デザイン
10 チェックシート
11 原稿
12 フィードバック
13 PDCAサイクル

17 Webページ

INPUT

Webページとは

●インターネット上で公開されている，Webブラウザ(**ブラウザ**，➡p.68)で閲覧可能なページ単位の文書のことを，Webページといい，同一のドメイン名(➡p.66)を持つ複数のWebページの集まりのことをWebサイトという。Webサイト内のWebページは，別の場所にある情報を参照させるハイパーリンク(**リンク**)を利用できる。

HTML（HyperText Markup Language）とは

●HTMLとはプログラミング言語ではなく，タグ(目印)を使って文書の構造などに関する設定を行う，Webページ記述用の言語である。文字列を「〈」と「〉」を使ったタグで囲うことにより，レイアウトやリンクなどの設定をすることができる。これをマークアップといい，HTMLはマークアップ言語に分類される。

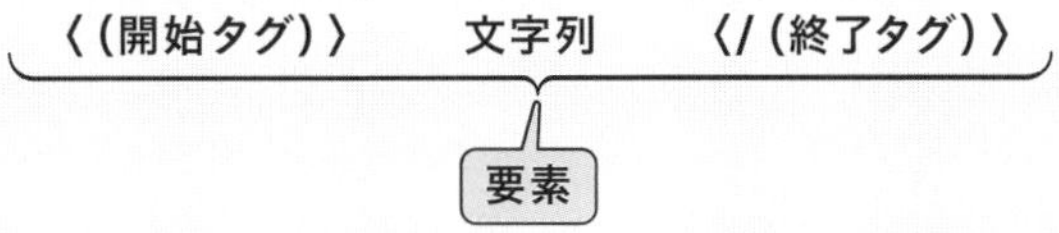

●ブラウザは，HTMLファイルを読み込み，タグの指定通りの内容を画面上に表示する。HTMLファイルの拡張子(ファイル名の末尾につく，データの種類を識別するための英字列)は，「html」もしくは「htm」である。

CSS（Cascading Style Sheet）とは

●Webページの見た目について定義する規格としてCSS（スタイルシート）が使われる。**HTMLでWebページの構造を決め，CSSで見た目を定義する**ことができるため，HTMLとCSSは常にセットで使用される。

●CSSは，HTMLの中の「どの部分の(**セレクタ**)」「何を(**プロパティ**)」「どのように変更する(**値**)」が基本書式となる。CSSファイルの拡張子は「css」である。

Webサイト公開の流れ

●Webサイトは，プレゼンテーションと同様に「企画・作成・テスト」「公開」「評価」「改善」というサイクルで，公開後も改善を続けることが重要である。

ここが POINT !

- Webサイトがどのように構成されているか。
- HTMLやCSSとはどのようなものか。

OUTPUT

●インターネット上で公開されている，[1]で閲覧可能なページ単位の文書のことを[2]という。複数の[2]で構成された集まりを[3]という。[4]は，複数の文章や画像などを結び付ける役割を持つ。

●[2]では，文字列に[5]をつけ，リンクやレイアウトの設定を行う。この設定の仕方を[6]という。
[2]で[5]を付けるための記述言語として用いられるのが[7]である。
[7]では，文字列を「〈」と「〉」を使ったタグで囲うことで，リンクやレイアウトなどの設定ができる。

●[1]は，[7]を読み込み，[5]の指示通りに画面上に内容を表示する。[7]で記述されたファイルを保存するときは，[8]を「html」あるいは「htm」とする。

●[9]は，[2]の文字や画像の大きさ，配置，色の他，背景色など視覚的な要素を指定する。[2]内の構造的な部分を[7]で記述し，その装飾的な部分を[9]で指定することで，効率よく作成することができる。
[9]の基本的な書式は，「どの部分の」を表す[10]，「何を」を表す[11]，「どのように変更する」を表す[12]である。

●[3]は，プレゼンテーションの制作過程と同様に，完成して[13]したあと，[14]を受ける。そこで得られた[15]をもとに，改善していく必要がある。

1 Webブラウザ（ブラウザ）
2 Webページ
3 Webサイト
4 ハイパーリンク（リンク）
5 タグ
6 マークアップ
7 HTML
8 拡張子
9 CSS（スタイルシート）
10 セレクタ
11 プロパティ
12 値
13 公開
14 評価
15 フィードバック

18 情報のデジタル化

INPUT

アナログとデジタル

- **アナログ**(analog) … 連続的に変化する量を**別の連続した形で表現**したもの。時間を時計の針の位置で表現したり，音声の波形をレコード盤に刻み込む溝の形状で表現したりするなど。例 アナログ時計，レコード
- **デジタル**(digital) … 連続的な量を**段階的に区切った数字で表現**したもの。長さや重さなどを1mm間隔や100g間隔などの一定間隔で区切り，区切った値を使って示したい量を表現するなど。例 デジタル時計，CD音源
- **デジタル化** … アナログデータをデジタルデータに変換(**A/D変換**)すること。逆に，デジタルデータをアナログデータに変換することを**D/A変換**という。

デジタル化の利点と欠点

- デジタル化の利点 … アナログ情報がさまざまな影響を受けて変化しやすいのに対し，**デジタル情報は数字の並びなので，その数字を伝えたり蓄積したりするときに，その並びさえ変わらなければ，デジタル化した状態の情報は変化せず，確実に再現することができる。**また，数として扱えるため，さまざまな数学的な計算が可能で，複製，暗号化，圧縮などを実現できる。
- **圧縮** … **一定のルールのもと，データ量を小さくする処理**のこと。内容を損なうことなく元に戻すことのできる**可逆圧縮**と，データの一部を省いたり変換したりしてデータ量を小さくする**非可逆圧縮**の2つがある。
- デジタル化の欠点 … クラッキングやマルウェア(➡p.76)，データ漏洩(ろうえい)など，**セキュリティリスクにさらされやすくなる**ため，個人情報や機密情報が流出する可能性がある。

コンピュータとデジタル化

- コンピュータは原理的に電気信号のオン・オフで情報を扱っている。数値，文字，音声，静止画や動画などの情報は，「0」と「1」とを組み合わせたデジタルデータとして扱うこと(デジタル化)ができる。したがって，コンピュータ上では，文字や画像，音楽など**さまざまな情報を統合的に扱うことが可能**である。
- コンピュータは計算を高速で処理する機械として，性能を向上させてきた。この技術の発展が，デジタル情報の応用範囲を急速に進展させてきた。

ここが POINT!

● 情報のデジタル化とはどのようなものか。
● デジタル化の利点と欠点は具体的にどのようなものか。
● コンピュータとデジタル化により何が可能になったか。

OUTPUT

● 日常生活の中で取り扱うデータには 2 種類ある。
データを，連続的に変化していく量で表現したものを［ 1 ］といい，一定の間隔で区切った数字や段階的な数値で表現したものを［ 2 ］という。
例えば，時計の針の位置で連続した時間を表すものが［ 1 ］時計で，時・分・秒という単位で区切られた不連続な数値で表示するものが［ 2 ］時計である。

1 アナログ
2 デジタル

● ［ 1 ］データを［ 2 ］データに変換することを［ 3 ］といい，［ 4 ］ともいう。また，その逆を［ 5 ］という。［ 3 ］された情報の利点と欠点を下の表にまとめた。

利点	編集しやすく，複数の表現メディアを組み合わせることが可能。データの蓄積，［ 6 ］，暗号化，［ 7 ］が容易。大量の情報を効率よく伝達できる。
欠点	不正な［ 6 ］による著作権侵害が起きたり，個人情報が一瞬で拡散してしまったりする。

3 デジタル化
4 A/D変換
（3・4は順不同）
5 D/A変換
6 複製
7 圧縮

● ［ 7 ］は，データ量を小さくする処理のことをいう。
［ 8 ］は，完全に同じデータに戻せる［ 7 ］の方法で，［ 9 ］は，多少のデータ変更を認め，効率よく［ 7 ］する方法をいう。

8 可逆圧縮
9 非可逆圧縮

● コンピュータは，［ 3 ］された情報を扱う機器である。あらゆるデータを「0」と「1」の 2 種類の数字の組み合わせで取り扱うため，［ 3 ］されたさまざまな情報を［ 10 ］に扱うことができる。

10 統合的

19 2進数と情報量の関係

INPUT

2進法と2進数

●「0」と「1」**という2つの数字を使って，さまざまな情報を表現することができる。**例えば，YesとNo，ONとOFF，黒と白，右と左など，対をなすものであれば，それぞれを「0」か「1」のどちらかに対応させることで容易に表現することができる。

●コンピュータ内部では，「0」と「1」のデジタルデータを，例えば**高低2種類の電圧に対応させている。**

●コンピュータのハードディスクでは，「0」と「1」のデジタルデータを，磁化の向き，例えばS極とN極に対応させて記憶する。

●CDでは，「0」と「1」のデジタルデータを，突起になっている**ピット**(pit)と平らになっている**ランド**(land)の，変化している部分と連続している部分に対応させている。

●「0」と「1」の組み合わせで数を表現する方法を**2進法**という。また，2進法で表した数値を**2進数**という。

情報の単位

●「01」や「1010」のように，情報を2進法で表す場合，「0」か「1」の桁が増えるほど，多くの情報を扱うことができる。この数字の列の1桁を情報量の最小単位として「1**ビット**(bit)」という。例えば，「00」を北，「01」を東，「10」を南，「11」を西，と対応させれば，4つの方角は2ビットの情報として表現できる。

●8ビットは「1**バイト**(Byte)」といい，記号は[B]で表す。**1バイトには，00000000，00000001，…，11111111の2^8＝256通りの情報量がある。**

●単位は，数が大きくなるとK（キロ）やM（メガ）などが使われる。これを，**SI接頭辞**という。本来k（キロ）は1000倍を表すが，情報量では大文字のKを用い，1024倍を表す。

単位	大きさ
bit（ビット）	—
byte，B（バイト）	8 bit
KB（キロバイト）	1024 B
MB（メガバイト）	1024 KB
GB（ギガバイト）	1024 MB
TB（テラバイト）	1024 GB
PB（ペタバイト）	1024 TB

▲情報の単位

ここが POINT !

● 2進数とはどのようなものか。

● 情報量の単位とは具体的にどのようなものか。

OUTPUT

●コンピュータの内部では，情報を数字の「[1]」と「[2]」で表現し，取り扱う。

●コンピュータ内では，高低2種類の電圧を識別しており，低い電圧をOFF，高い電圧をONとし，OFFを「0」，ONを「1」として取り扱う。同じように，ハードディスクでは「0」と「1」を，例えばS極とN極に対応させて取り扱う。CDでは，「0」と「1」を[3]と[4]の状態が変わる境目と，変化がなく連続している部分に対応させて取り扱う。

●「0」と「1」の[5]で数を表現する方法を[6]と呼ぶ。[6]は，桁を増やせば増やすほど，[5]の種類も増えるため，表現できる情報量が増える。

●[6]で情報を表現するコンピュータにおいて，情報の「量」を表す最小単位を[7]と呼ぶ。
1桁の数は，1ビットの情報量を持ち，0か1かの2通りの情報を持つ。
2桁の数は，2ビットの情報量を持ち，4通り(00,01,10,11)の情報を持つ。
8桁の数は，8ビットの情報量を持ち，256通りの情報を持つ。
8ビット分をまとめて1[8]といい，記号[9]で表す。

●[7]や[8]では，数が大きくなるとK(キロ)やM(メガ)などの記号を使う。これを[10]と呼ぶ。

1 0
2 1
(1・2は順不同)
3 ピット
4 ランド
(3・4は順不同)
5 組み合わせ
6 2進法
7 ビット(bit)
8 バイト(Byte)
9 B
10 SI接頭辞

20 2進法と16進法

INPUT

2進法

●日常生活においては，数値を0から9までの10種類の数字を使った10進法で表現することが多い。一方，コンピュータ上では，「0」と「1」の2種類の数字を使った2進法で情報を扱っている。例えば，10進法で「12」という数を入力すると，コンピュータ内部では2進法の「1100」として扱っている。

10進法と2進法の変換

●以下のようにして，10進法から2進法，2進法から10進法に変換することができる。

10進法→2進法

10進法で表された数を2で割る作業を繰り返す。2回目以降は，2で割ったときの商をさらに割る。この作業を，「商が1」になるまで繰り返し，最後「商」「余り」の数を下から並べる。

2)12 余り
2) 6 …0
2) 3 …0
1 …1

$12_{(10)} = 1100_{(2)}$

2進法→10進法

2進法で表された数は，右から「2^0」「2^1」「2^2」…の位を表している。「1」となっている位の和を求めることになる。

1	1	0	$0_{(2)}$
2^3	2^2	2^1	2^0

⇩

$$2^3 \times 1 + 2^2 \times 1 + 2^1 \times 0 + 2^0 \times 0 = 12_{(10)}$$

●何進数で表されているのかわかるように，末尾に$_{(10)}$や$_{(2)}$を付けて，$12_{(10)}$や$1100_{(2)}$のように表すことがある。

16進法

●コンピュータ内部では，2進法で命令やデータを処理しているが，2進法では情報量が多くなると桁が長くなってしまう。そこで，**人間にとって扱いやすくするために**，16進法もよく使われる。

10進法	2進法	16進法
0	0	0
1	1	1
2	10	2
3	11	3
4	100	4
5	101	5
6	110	6
7	111	7
8	1000	8
9	1001	9
10	1010	A
11	1011	B
12	1100	C
13	1101	D
14	1110	E
15	1111	F
16	10000	10

ここが POINT!

- 情報は2進法でどのように表現されるのか。
- 2進法と10進法は互いにどのように変換されるのか。
- 16進法ではどのように表現されるのか。

OUTPUT

- 日常生活においては，0から9までの10種類の数字を使う［1］を用いて，数を表現することが多い。

[1] 10進法

- コンピュータ上では，あらゆる情報を「0」と「1」の2種類の数字を使った［2］で表現している。［2］では，2の乗数ごとに，桁が繰り上がる。

[2] 2進法

- 何進法で表現しているかわかるように，数字の末尾に小さく( )を付け，( )内に何進法かの数字を入れて表記することがある。

例：　$12_{(10)}$ … ［3］進法で表した数
　　　$10_{(2)}$ … ［4］進法で表した数

[3] 10
[4] 2

- ［2］は，［1］に比べて桁が大きくなるため，人間にとって扱いやすくなるように，［5］も用いられている。

[5] 16進法

- ［5］は，16ごとに桁が繰り上がる。$10_{(10)}$〜$15_{(10)}$は，［6］〜［7］で代用して表現される。

例：　$11_{(10)}$ → ［8］$_{(16)}$
　　　$14_{(10)}$ → ［9］$_{(16)}$

[6] A
[7] F
[8] B
[9] E

21 2進法の計算

INPUT

2進法の加算と減算

● 2進法の加算と減算は，以下のように，10進法の筆算と同じ方法で計算できる。

3+5

```
       1 1
+    1 0 1
----------
   1 0 0 0
```

2になったら繰り上げて，次の位に1加える。

10−4

```
   1 0 1 0
−    1 0 0
----------
     1 1 0
```

引けないときは，一つ上の位から1おろし，
2として計算する。

負の数の表現

● 負の数は，数値にマイナスの符号「−」を付けて表現するが，コンピュータ内部では，補数というものを利用して表現される。**あるビット数で表された数に対して，足したときに桁上がりが起こる数のうち，最小のもの**が補数である。

4ビットの2進法で表現された0110$_{(2)}$の補数の求め方①

```
     0 1 1 0              1 0 0 0 0
+    補  数        ➡   −    0 1 1 0
-----------           -------------
   1 0 0 0 0                1 0 1 0
```

（1010：0110$_{(2)}$の補数）

● 補数は，2進法で表された数の，すべての0と1を反転させ，そこに1を加えることでも求めることができる。

4ビットの2進法で表現された0110$_{(2)}$の補数の求め方②

0と1を反転させる：0 1 1 0 → 1 0 0 1

1を足す：1 0 0 1 ➡ 1 0 1 0

● 4ビットの2進法でA−Bを求めるとき，Bの補数をB′とおくと，B＝10000$_{(2)}$−B′なので，A−B＝A＋B′−10000$_{(2)}$と表せる。このとき，A−Bの計算結果は，AにBの補数B′を加え，桁上がりを無視した結果と一致する。このように，コンピュータでは補数を使うことで，加算の仕組みのみで，加算・減算の両方を行うことができる。

ここが POINT !

- 2進法の加算と減算はどのように行うのか。
- コンピュータ内部では負の2進数をどのように表現するのか。
- 補数を使った減算とはどのようなものか。

OUTPUT

● 2進法の加算と減算は，［ 1 ］と同じように計算することができ，筆算で行うと次のようになる。

〈問題 1〉6＋10の答えを2進法で求めなさい。

```
     1 1 0
 + 1 0 1 0
 ---------
   [  2  ]
```

足して［ 3 ］になるときは次の位に繰り上がる。繰り上がる数は［ 4 ］。

〈問題 2〉9－5の答えを2進法で求めなさい。

```
   1 0 0 1
 -   1 0 1
 ---------
   [  5  ]
```

引けないときは，一つ上の位から1をおろし，［ 6 ］として計算する。

● コンピュータ内部で2進法で負の数を表すときには，「－」の符号を付けるかわりに，［ 7 ］を利用して表現される。［ 7 ］は，元の数に足すと桁上がりが起こる数の中で最小の数のことをいう。例えば，1桁の10進法で考えた場合，$7_{(10)}$の補数は［ 8 ］$_{(10)}$となる。

● 2進法での［ 7 ］は，すべての0と1を反転させ，そこに1を加えることで簡単に求められる。負の数をこのように［ 7 ］で表現することで，コンピュータ内では［ 9 ］の仕組みのみで加算・減算をしている。

〈問題 3〉4ビットの2進法で表現された$0001_{(2)}$の補数を求めなさい。

まず，すべての0と1を反転させて，［ 10 ］とする。次に，［ 10 ］に1を加えた数を求めればよいので，$0001_{(2)}$の補数は［ 11 ］$_{(2)}$となる。

1 10進法
2 10000
3 2
4 1
5 100
6 2
7 補数
8 3
9 加算
10 1110
11 1111

22 コンピュータでの実数の表現

INPUT

コンピュータでの実数の表現

- 小数はコンピュータの内部で，2進法の浮動小数点数という数で表される場合が多い。この場合，小数を2進法で表し，整数部分が1だけになるように小数点の位置を調整した数(**仮数**(かすう))と，2^nとのかけ算，そこに符号を加えて表す。これに対し，小数点の位置が決まっている(動かない)数を，固定小数点数という。
- **浮動小数点数**を表すデータは，**符号部**(正か負)，**指数部**(2^n)，**仮数部**(仮数を表す)の3つの要素からなり，32ビットや64ビットなどのビット列にして数値として扱う。
  - ・符号部… 0を正，1を負とする。
  - ・指数部… 一番小さい指数が0になるよう数値を加え，調整する。
  - ・仮数部… 最上位の桁は常に1となるので省略し，2番目の桁から仮数部とする。

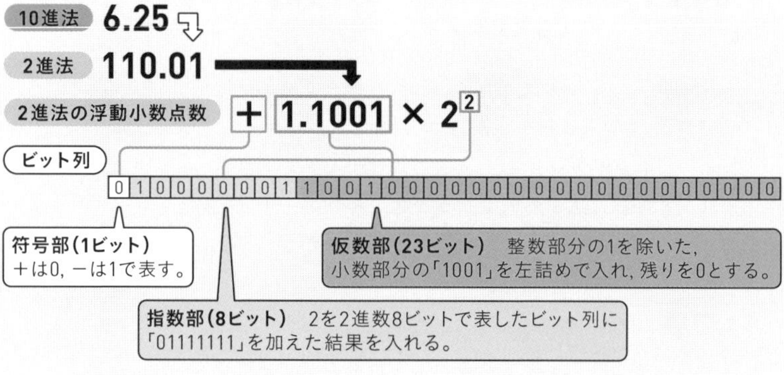

▲ 浮動小数点数での表し方(32ビット)

コンピュータでの計算の誤差

- コンピュータ内部で扱われるビット数は64ビットなどで固定されているため，演算結果がコンピュータで表現できる最大値を上回ってしまい表せないオーバーフローや，表現できる最小値を下回ってしまい表せないアンダーフローが生じる。
- 演算処理の過程で，**数値の削除などによって生じる本来の数値との差異**を，誤差という。例えば，仮数部の一番下の桁以降の桁を削除する，丸めの操作を行う。この操作によって生じる誤差を丸め誤差と呼ぶ。

ここが POINT !

● コンピュータでの実数の表現とはどのようなものか。

● コンピュータでの計算の誤差とはどのようなものか。

OUTPUT

●コンピュータの内部では，小数を表すときに，2 進法の［ 1 ］を用いる場合が多い。

●［ 1 ］に対して，小数点の位置を固定して表した数を［ 2 ］という。

●［ 1 ］は，「0」と「1」だけで，負の符号や小数を表すことができる。［ 1 ］は，ビット列を 3 つの情報に分けて表す。

・［ 3 ］… 正か負かを指定する部分。正→「0」，負→「1」

・［ 4 ］… 一番小さい指数が 0 になるよう数値を加え，調整する。

・［ 5 ］… 最上位の桁は常に 1 となるため省略し，2 番目の桁から表す。

●コンピュータ内で扱われるビット数は，64 ビットなどに固定されている。そのため，桁数のきわめて大きい数を扱うと，演算結果がコンピュータで表現できる最大値を上回ってしまい，表示できなくなる。この現象を［ 6 ］という。反対に，演算結果がコンピュータで表現できる最小値を下回ってしまい表示できない現象を［ 7 ］という。

●［ 6 ］や［ 7 ］のように，演算処理の過程で，本来の値との間に生じる差異のことを［ 8 ］という。例えば，循環小数のように無限に続く値が生じた場合，［ 5 ］の一番下の桁よりあとの桁はすべて削除して処理する場合がある。この操作を［ 9 ］の操作といい，この操作により生じる誤差を［ 10 ］という。

1 浮動小数点数
2 固定小数点数
3 符号部
4 指数部
5 仮数部
6 オーバーフロー
7 アンダーフロー
8 誤差
9 丸め
10 丸め誤差

23 文字のデジタル化

INPUT

文字のデジタル化

- コンピュータの内部では，文字も2進法(0と1)で表され，1つ1つの文字や記号にはそれぞれ固有の数値(文字コード)が割り当てられている。この数値と文字との対応のことを文字コード体系という。文字コードが割り当てられた文字は，フォントを用いて実際の文字の形に直されて表示される。
- 1バイトでは，$2^8=256$種類の文字や記号を表すことができる。英数字など種類の少ない文字種は，1バイトで表すことが可能。
- 7ビットでは，128種類の文字や記号を表すことができる。例えば，下の表のようなASCII(アスキー)コードでは，大文字の「X」は，上位3ビットの「101」と，下位4ビットの「1000」を組み合わせて，「1011000」と表される。

			上位3ビット							
	16進		0	1	2	3	4	5	6	7
		2進	000	001	010	011	100	101	110	111
下位4ビット	0	0000			(空白)	0	@	P	`	p
	1	0001			!	1	A	Q	a	q
	2	0010			"	2	B	R	b	r
	3	0011			#	3	C	S	c	s
	4	0100			$	4	D	T	d	t
	5	0101			%	5	E	U	e	u
	6	0110			&	6	F	V	f	v
	7	0111			'	7	G	W	g	w
	8	1000			(	8	H	X	h	x
	9	1001			)	9	I	Y	i	y
	A	1010			*	:	J	Z	j	z
	B	1011			+	;	K	[	k	{
	C	1100			,	<	L	\	l	|
	D	1101			-	=	M	]	m	}
	E	1110			.	>	N	^	n	-
	F	1111			/	?	O	_	o	

さまざまな文字コード体系とエンコーディング方式

- 文字コード体系にはさまざまな種類があり，**情報をコンピュータが扱える形式に変換する**手法をエンコーディングという。日本語に対応したJISコード(ISO-2022-JP)や，シフトJISコード，EUCなどの異なるエンコーディング方式がある。
- Unicodeという，**世界中の文字に対応した文字コード体系**が，現在広く使われている。

ここが POINT !

● 文字コードとはどのようなものか。
● 文字コード体系にはどのようなものがあるのか。

OUTPUT

●コンピュータ内部では，文字も [1] で表される。1つ1つの文字や記号に，それぞれ固有の数値が割り当てられている。この数値を [2] という。

●コンピュータが文字を表示・印刷するとき，[2] に対応する文字を，利用者が指定する [3] の中から見つけ出し，画面や紙に出力している。

●1バイトで，[4] 種類の文字や記号を表すことができる。
※1バイト＝8ビット(2^8＝[4])

●7ビットでは，[5] 種類の文字や記号が表現できる。[6] は，7ビットで表現するコードで，世界各国は，[6] を拡張して自国の言語コード体系を定めた。

●日本語に対応した [2] には，[7]，[8]，[9] など複数あり，広く使われていた。これらは，文字情報を記号や数字に変換する [10] がそれぞれ異なる。

●現在の [11] の主流は，世界中の文字に対応した [12] である。

1 2進法
2 文字コード
3 フォント
4 256
5 128
6 ASCIIコード
7 JISコード
8 シフトJISコード
9 EUC
(7〜9は順不同)
10 エンコーディング
11 文字コード体系
12 Unicode

24 音のデジタル化

INPUT

音のデジタル化

●空気の振動が波(縦波)として伝わるものが音である。音の波形をデジタル化する方法として，以下の手順がある。

①元波形(アナログデータ)の取得 … 空気の振動をマイクロホンで電気信号(電圧の変化)に変換する。

②標本化(サンプリング) … アナログ信号の横軸(時間)に沿って一定の間隔で波の高さ(電圧の大きさ)を取り出す。1秒間に何回標本化を行うかを，標本化周波数(サンプリング周波数)といい，ヘルツ[Hz]という単位で表す。

③量子化 … 標本化で得られた波の高さを，電圧の計測範囲を一定間隔で区切ってできた縦軸の目盛りのうち**最も近い値に変換**する。量子化の際の段階の数(ビット数)を示す量子化ビット数によって目盛りの間隔が決まり，例えばビット数が4ビットなら0～15の16段階(＝2^4)でデータを表す。

④符号化 … 量子化によって得られた値を2進法(0と1)で表現する。符号化の際には標本化と量子化によって得られた値を，量子化ビット数で定めた桁数の2進数で表す。

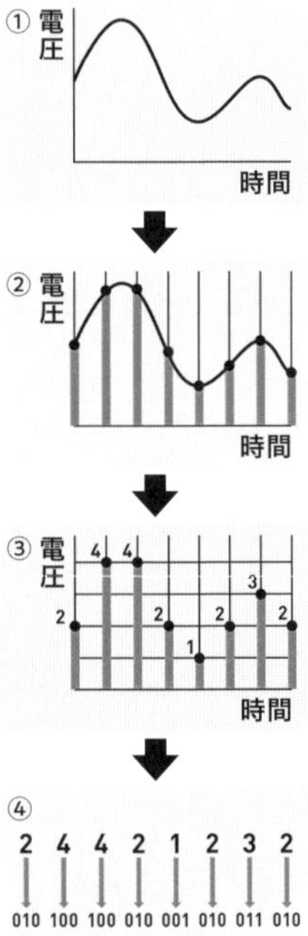

▲ 音のデジタル化

●上のようにして，音声情報を2進法(0と1)の符号に変換する方式をPCM(パルス符号変調)方式という。

標本化周波数と量子化ビット数

●標本化周波数(標本化において，アナログ音声から1秒間に何回データを取得するか)や，量子化ビット数(量子化において，1回ごとの取得データを何ビットで表現するか)を大きくすれば，実際の音に近い音として記録可能である。その分，記録されるデータ量は増加する。

ここが POINT!

- 音はどのようにデジタル化されているのか。
- 標本化周波数と量子化ビット数とはどのようなものか。

OUTPUT

● 空気の振動が波として伝わってくるものが音である。音の波形は次の手順を踏んで，デジタル化できる。

[1]の取得→[2]→[3]→[4]

- [1]の取得：空気の振動をマイクロホンで[5]に変換する。
- [2]：横軸(時間)を一定の間隔で区切り，縦軸(電圧)の大きさを取り出す。
- [3]：縦軸(電圧)を一定の間隔で区切り，[2]で取り出した大きさに最も近い数値に変換する。
- [4]：変換した数値を，「0」と「1」の 2 進数で表す。

● 1 秒間に行う[2]の回数を[6]といい，ヘルツという単位で表す。

● [3]された数値を 2 進法で表す際，その桁数を[7]という。縦軸(電圧)の目盛りの間隔は，[7]によって決まる。

● [6]の値が大きいほど，より細かい時間間隔で音を取り出すため，原音の波形に近くなる。
同様に，[7]の値が大きいほど，より細かい目盛りで波の高さを表現でき，原音の波形に近くなる。
[6]や[7]を大きくすれば，データの量は[8]なるが，その分，原音に近い音を表現できる。

● 音声などのアナログデータを，「0」と「1」の符号に変換する方式を[9]方式という。

1 元波形（アナログデータ）
2 標本化（サンプリング）
3 量子化
4 符号化
5 電気信号（電圧の変化）
6 標本化周波数（サンプリング周波数）
7 量子化ビット数
8 大きく
9 PCM（パルス符号変調）

25 画像・動画のデジタル化①

INPUT

画像のデジタル化

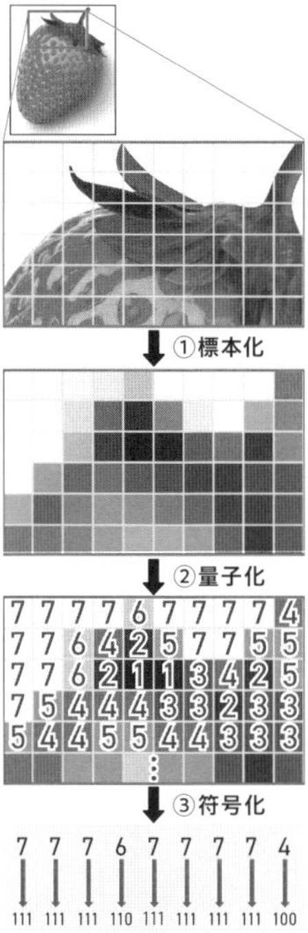

▲ 画像のデジタル化

- 絵画やフィルム写真などは，平面上に色やその濃淡が連続的に分布したアナログの画像である。
- アナログ画像をデジタル化するには，音のデジタル化と同様に，元画像(アナログデータ)を標本化，量子化，符号化して変換する。
  - ①標本化(サンプリング) … アナログ画像を画素(**ピクセル**)と呼ばれる等間隔のマス目に区切り，マス目の代表となる色の濃淡を取り出す。音のデジタル化が時間的な標本化であるのに対し，画像のデジタル化では空間的な標本化を行う。
  - ②量子化 … 色の情報を整数などのデジタル情報として何段階かに分けた数値(**階調**)に変換する。
  - ③符号化 … 量子化によって得られた値を，2進法(0と1)を用いて表現する。

解像度

- アナログ画像をデジタル化する際，マス目となる画素(ピクセル)を細かくするほど，きめ細かくなめらかな画像になる。デジタル画像の精細さは，解像度という値で表される。
- ディスプレイの解像度は，1920×1080などのように，画面の横方向と縦方向の画素の数で表す。
- プリンタの解像度は，間隔1インチ(2.54 cm)あたりに印刷できる点(ドット)の数であるdpi(**dots per inch**)という単位で表す。

ここが POINT!

● 画像はどのようにデジタル化されているのか。
● 解像度とはどのようなものか。

OUTPUT

●画像のデジタル化も，音のデジタル化同様に，元のアナログ画像をデジタルカメラやイメージ・スキャナなどを使ってコンピュータに取り込む際に，
[1]→[2]→[3]の手順を踏む。

・[1]：アナログ画像を[4]と呼ばれる等間隔の細かいマス目に分割する。[4]ごとに，色の情報を色の濃淡で読み取る。

・[2]：読み取った色の濃淡を，それぞれ何段階かに分けた数値(デジタル情報)に変換する。

・[3]：変換した数値を，「0」と「1」の2進法で表す。

●デジタル画像は，[4]が規則正しく並んだ集合体である。
[4]の細かさを[5]という。
[5]の値が大きいほどマス目がきめ細かくなるので，元の画像に近い画像になる。

●プリンタの[5]は，1インチ(2.54cm)あたりに印刷できる点([6])の数で表す。
1インチあたりの[6]の数は，[7]という単位で表す。[7]が大きいほど[6]が細かく並ぶため，元の画像に近い画像になる。

1 標本化(サンプリング)
2 量子化
3 符号化
4 画素(ピクセル)
5 解像度
6 ドット(dot)
7 dpi

26 画像・動画のデジタル化②

INPUT

色の表現方法

●テレビやコンピュータのディスプレイは，赤(R：Red)，緑(G：Green)，青(B：Blue)からなる光の三原色(RGB)の組み合わせにより，さまざまな色を表現している。

●R・G・Bを重ねると，明るくなって白色に近づく。このような色の混ざり方を加法混色という。

●カラープリンタや印刷物そのものの色は，シアン(C：Cyan)，マゼンタ(M：Magenta)，イエロー(Y：Yellow)からなる色の三原色を組み合わせることにより表現している。

●C・M・Yの色を組み合わせると，吸収される光が増えるため暗くなり，黒色に近づく。このような色の混ざり方を減法混色という。

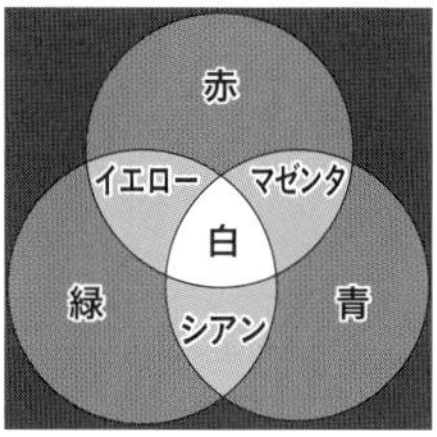

▲光の三原色

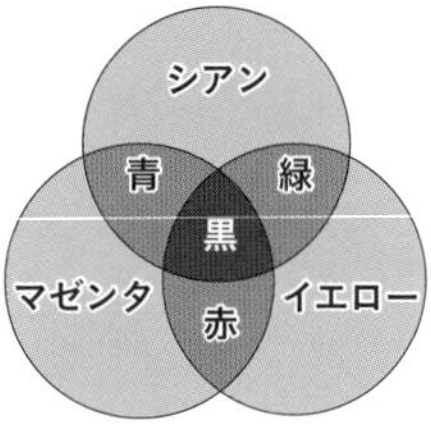

▲色の三原色

色の階調

●アナログ画像をデジタル画像に変換する際，それぞれの画素(ピクセル)の色は，RGBの明るさの強弱を表す数値(デジタル情報)の組み合わせで表す。画像の色成分で，一番明るい状態から一番暗い状態までを何段階に分けるかの強弱を表す段階数を階調という。

●24ビットのカラー画像では，RGBそれぞれを0～255の256 ($=2^8$)階調で表す。この場合，RGBの組み合わせによって，$256^3=2^{24}=$約1678万色を表現できる。これを24ビットフルカラー(フルカラー)という。

	2値画像	グレースケール画像	カラー画像
説明	白と黒の2色だけで表現した画像。モノクロファクシミリ(FAX)など。	白と黒の間を階調で表現した画像。	光の三原色(R・G・B)の重ね合わせで表現した画像。
データ大きさ	1画素につき，1ビット(白…0，黒…1の2階調)	1画素につき，8ビット(256階調の場合)	1画素につき，24ビット(RGBともに256階調の場合)

ここが POINT !

● 色はどのようにデジタルで表現するのか。
● 階調とはどのようなものか。

OUTPUT

● テレビやコンピュータのディスプレイなどは，一般に［1］の［2］の組み合わせでさまざまな色を表現している。

● ［1］の［2］は，［3］(R)，［4］(G)，［5］(B)である。この3色を重ねると明るくなり，［6］色に近づく。これを［7］という。

● カラープリンタは，［8］の［2］の組み合わせでさまざまな色を表現する。

● ［8］の［2］は，［9］(C)，［10］(M)，［11］(Y)である。この3色を混ぜると暗くなり，［12］色に近づく。これを［13］という。

● スキャナなどでアナログ画像をコンピュータに取り込む際，それぞれの［14］の色は，RGBの明るさの強弱を表す数値の組み合わせで表す。
このとき，各色の明るさを何段階に分けて表すかを示す段階数を［15］という。［15］が大きいほど，表せる色の種類は増える。

● RGBの各色を256階調(2^8＝8ビット)で表すと，RGBの組み合わせは，256^3＝約1678万となり，それだけの種類の色を表現できる。これを，［16］という。

1 光
2 三原色
3 赤
4 緑
5 青
6 白
7 加法混色
8 色
9 シアン
10 マゼンタ
11 イエロー
12 黒
13 減法混色
14 画素（ピクセル）
15 階調
16 24ビットフルカラー（フルカラー）

27 画像・動画のデジタル化③

INPUT

画像の表現形式

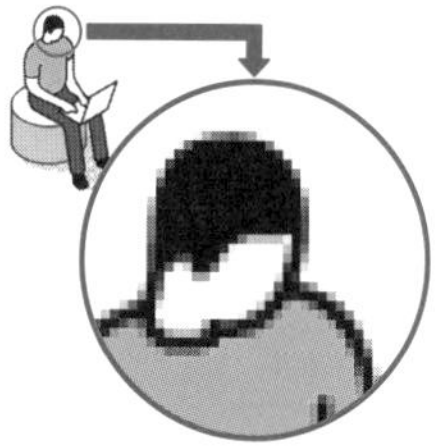

▲ラスタ形式

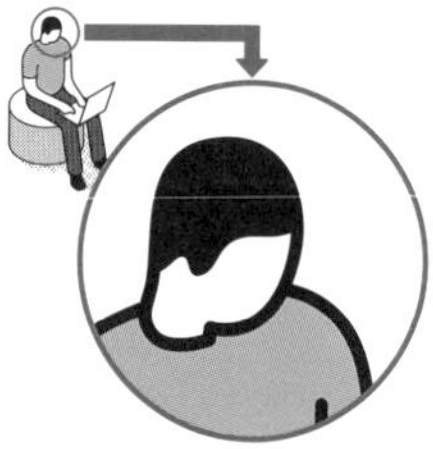

▲ベクタ形式

- コンピュータで扱う画像を表現する際に，画像を縦と横に碁盤の目のように並んだ点(画素，**ドット**，**ピクセル**)の集まりとして表し，各画素の濃淡によって画像を表現する方法をラスタ形式という。これをラスタグラフィックスともいい，ペイント系ソフトウェアで画像を描くことができる。
- 直線，曲線，円，四角などの基本的な図形を使って画像を描き，その座標や使用する図形の指定などで記述する方法をベクタ形式と呼ぶ。これをベクタグラフィックスともいい，ドロー系ソフトウェアで画像(図形)を描くことができる。
- ベクタ形式は，計算によって図形を再現するため拡大してもジャギー(ぎざぎざ)が出ない。**写真のような画像にはラスタ形式**が，線や図形などを組み合わせて描画する**図やイラストなどにはベクタ形式**がよく用いられる。

動画の表現

- 映画やテレビのように，動いて見える画像を**動画**または**動画像**という。動画は，静止画を連続的に高速に表示したものである。紙に少しずつ変化する絵を描き，パラパラとめくると動いているように見えるのは，一度見た画像がしばらくの間網膜に残るという，残像現象によるものである。
- 動画を構成する１枚１枚の静止画をフレームという。１秒間に画面に表示される**フレーム**の数をフレームレートといい，fps (frames per second)という単位で表す。一般的なテレビ放送は30 fps，映画は24 fps程度で作られている。

ここが POINT!

● 画像(図形)はどのようにデジタルで表現されているのか。
● 動画はどのようにデジタルで表現されているのか。

OUTPUT

●コンピュータで画像や図形を表現する際，[1]の集合体で表し，それぞれの[1]の濃淡で画像を表現する方法を[2]という。
[2]は，[3]ともいい，[4]で用いられている方法である。

●[2]は，点のレベルで色の濃淡を表現できるため，[5]などの複雑な画像の表現に適している。

●基本的な図形(直線，曲線，円，四角など)を用いて画像を描く方法を[6]という。
[6]では，使用する図形を指定し，その図形を配置する[7]などを記述して画像を表す。
[8]で用いられている方法である。

●[6]は，座標や数式を使って画像を描くため，生成された画像をどれだけ拡大しても[9](ぎざぎざ)が出ない。
図やイラストなど，線や図形などを組み合わせて描画するものに適した方法である。

●動画は，[10]を連続的に高速で表示したもので，[11]現象を利用することで動いて見えるようにしている。

●動画を構成している1枚1枚の[10]を[12]という。
1秒間に画面に表示される[12]の数のことを[13]といい，[14]という単位で表す。
動画は，[10]の集まりなので，データ量が大きく，圧縮して利用することが多い。

1 画素(ドット，ピクセル)
2 ラスタ形式
3 ラスタグラフィックス
4 ペイント系ソフトウェア
5 写真
6 ベクタ形式
7 座標
8 ドロー系ソフトウェア
9 ジャギー
10 静止画
11 残像
12 フレーム
13 フレームレート
14 fps

28 情報のデータ量と圧縮

INPUT

静止画と動画のデータ量

- ラスタ形式の静止画のデータ量 … 各画素を表現するために用いるビット数の合計。1画素の色の明るさの度合いをRGB各8ビット(256階調)で表現した場合，24ビット(＝3B)で表現できるので，静止画のデータ量は，3B × 画素数となる。
- **動画のデータ量＝各フレームの画像データ量 × フレームレート[fps] × 時間[秒]**
- 解像度800 × 600の24ビットフルカラー画像のデータ量を求める場合と，この画像を1フレームの静止画として，30 fpsで3分間の動画を作成した場合のそれぞれのデータ量は次のようになる。ただし，1 GB＝1024 MB，1 MB＝1024 KBとする。

〈画像のデータ量〉

$$3\ [\mathrm{B}] \times 800 \times 600 = 1440000\ [\mathrm{B}] = \frac{1440000}{1024 \times 1024}\ [\mathrm{MB}] \fallingdotseq 1.37\ [\mathrm{MB}]$$

〈動画のデータ量〉

$$\frac{1440000\ [\mathrm{B}]}{1024 \times 1024} \times 30 \times 60 \times 3 \fallingdotseq 7416\ [\mathrm{MB}] = \frac{7416}{1024}\ [\mathrm{GB}] \fallingdotseq 7.24\ [\mathrm{GB}]$$

画像の圧縮形式

- 圧縮されていない静止画の画像形式として**BMP**(ビットマップ)(BitMaP)形式があり，解像度(画素数)に比例してデータ量が大きくなる。ネットワーク上では，**圧縮**(➡p.38)を伴う**JPEG**(ジェイペグ)(Joint Photographic Experts Group)形式，**GIF**(ジフ) (Graphics Interchange Format)形式，**PNG**(ピング) (Portable Network Graphics)形式がよく用いられている。

BMP	圧縮されていない(無圧縮)ので，データ量は多い。フルカラーに対応。
JPEG	非可逆圧縮。デジタルカメラなどで利用。フルカラーに対応。
GIF	可逆圧縮。簡単なアニメーションなどで利用。256色まで対応できる。
PNG	可逆圧縮。GIFの代替形式として開発された。フルカラーに対応。

情報の圧縮

- 可逆圧縮の手法として，データの並び方に注目して繰り返し現れる構造を省略して表現する**ランレングス圧縮**がある。ランレングス圧縮は，同じデータが続いている画像ファイルや，モノクロファクシミリ(FAX)で利用されている。

ここが POINT !

- 静止画と動画のデータ量はどのように求められるのか。
- 圧縮された画像形式にはどのようなものがあるか。
- 圧縮の手法にはどのようなものがあるか。

OUTPUT

●フルカラー静止画のデータ量は以下の式から求められる。
8 [bit] × 3 × 画素数　(＝3 [B] × 画素数)
ラスタ形式の静止画において，フルカラー(各RGBの階調が [1] ビット)の場合，そのビット数の合計は，[2] ビットとなる。[3] 一つあたりのビット数が [2] となるため，静止画のデータ量は，これに [3] の総数である [4] をかけることで求めることができる。

1 8
2 24
3 画素(ピクセル)
4 画素数

●動画のデータ量は以下の式から求められる。
各 [5] の画像データ量 × [6] [fps] × 時間[秒]

5 フレーム
6 フレームレート

● [7] されていない静止画の画像形式に [8] 形式などがある。[7] されていない形式では画像の劣化は起こらないが，[9] に比例してデータ量が大きくなるため，情報通信には向いていない。そこで，ネットワーク上では，通常，[7] を伴う画像形式を用いる。

7 圧縮
8 BMP
9 画素数(解像度)

●Webページでよく利用される，[7] を伴う画像形式には，いくつか種類がある。[10] 形式はデジタルカメラなどで利用され，フルカラーを扱える。一方，非可逆圧縮である [11] 形式は簡単なアニメーションでも利用されるが，256色までしか扱えない。[12] 形式は [11] の代替として開発された形式で，フルカラーが扱える。

10 JPEG
11 GIF
12 PNG

●可逆圧縮の手法の一つに，[13] がある。これは，同じデータが連続する部分に注目し，繰り返し現れる構造を省略して表現する手法である。

13 ランレングス圧縮

29 データ通信の方式

INPUT

通信方式の移り変わり

●情報をやり取りすることを，通信という。人間の活動範囲の拡大に伴って，遠く離れた場所にいる人とも通信できる仕組みが考案され，時代とともに発展してきた。

●通信機能をもった電化製品，スマートフォンのような携帯端末，パソコンやサーバのようなコンピュータなど，**さまざまな情報機器どうしを接続して，情報をやり取りする通信網**を情報通信ネットワークという。

回線交換方式（電話の時代）

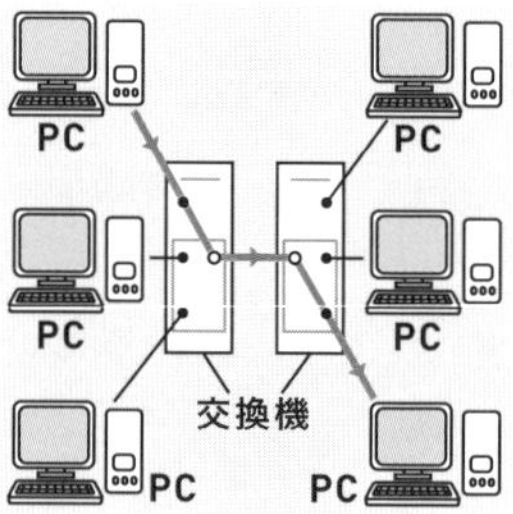

●**自分と相手を１つの経路で結ぶ通信**を回線交換方式という。いったん相手と接続したら切断するまでその回線を占有する。

●回線交換方式の利点 … 回線を占有するので**通信が安定し，大量のデータを一括送信するのに適している。**

●回線交換方式の欠点 … 使用中の回線を他の利用者が使用できない。また，端末間で伝送速度を合わせなければならない。

パケット交換方式（データ通信の時代）

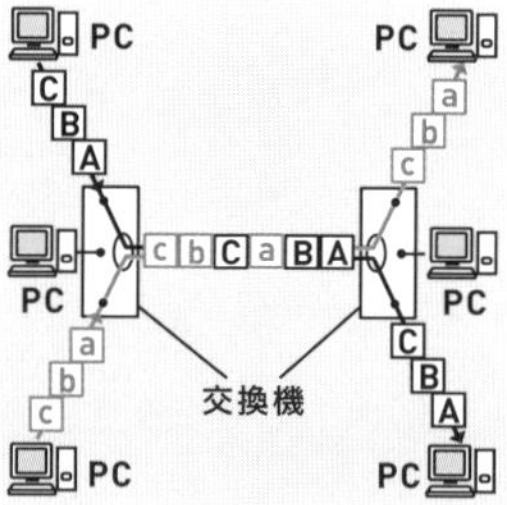

●**データを一定の長さに分割して送信する通信方式**をパケット交換方式といい，分割されたデータのまとまりをパケットと呼ぶ。**データを細かく分割して送信するため，回線を占有せず複数人で使用できる。**

●パケット交換方式の利点 … 一部のパケットが正常に届かなかった場合でも，そのパケットだけを再送すればよい。また，ネットワークが混雑したり，一部に障害が発生したりしても，利用可能な経路で通信を続けることができる。

●パケット交換方式の欠点 … 一定の伝送速度が保証されない。

●**パケット交換方式が普及し，情報通信ネットワークの効率は飛躍的に向上した。**

ここが POINT !

- 通信と情報通信ネットワークとはどのようなものか。
- 回線交換方式とはどのようなものか。
- パケット交換方式とはどのようなものか。

OUTPUT

●情報をやり取りすることを［1］という。時代とともに［1］の方法は発達し，画像や音声など大量のデータであっても，離れたところにいる人どうしで簡単に送り合うことができるようになった。

●電化製品やスマートフォン，コンピュータなどさまざまな情報機器どうしを接続して，情報をやり取りする通信網を［2］という。

●通信方式には，代表的なものに［3］と［4］がある。［4］により［2］における効率は飛躍的に向上した。それぞれの特徴を下の表にまとめた。

・［3］の特徴

自分と相手を１つの経路で結んで通信する。

メリット	デメリット
１本の回線を占有するため，通信が［5］する。	使用中の回線を他者が使用することはできない。端末間で［6］を合わせる必要がある。

・［4］の特徴

送受信するデータを一定の長さに［7］して，［8］で回線を共有して通信できる。［7］した１つ１つのデータのまとまりを［9］という。

メリット	デメリット
［9］ごとにデータを再送できる。複数の経路を設定できるため，ネットワーク障害に強い。	複数人で回線を共有するため，ネットワークが混雑して，［6］が遅くなることがある。

1 通信
2 情報通信ネットワーク
3 回線交換方式
4 パケット交換方式
5 安定
6 伝送速度
7 分割
8 複数人
9 パケット

30 LANとWAN

INPUT

LAN

●会社や学校など限られた区域内で構築されたネットワークを，LAN（ラン）（**Local Area Network**）という。コンピュータの種類や台数は関係なく，特定の範囲の中で構築されたネットワークのことを指す。

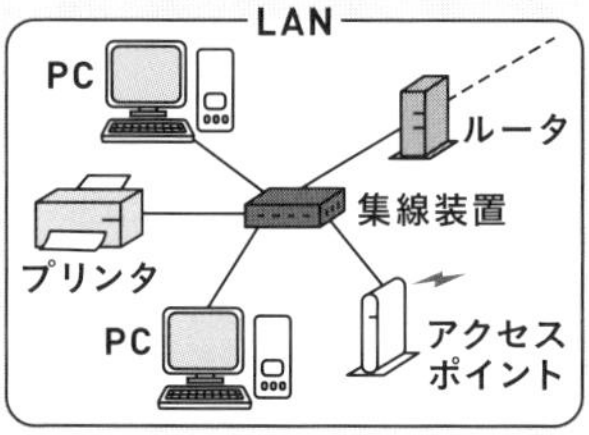

WAN

●LANどうしをつないだ広域なネットワークのことをWAN（ワン）（**Wide Area Network**）という。通信事業会社が提供する回線を利用し，遠隔地にあるLANどうしを接続することでWANを構築できる。**こうしたさまざまなネットワークがさらに相互に接続し，世界的に発展したもの**がインターネットである。

LANを構成する装置

●LANを構成する装置には，次のようなものがある。
- ・ONU（光回線終端装置）
- ・ルータ
- ・集線装置（ハブやスイッチ）
- ・無線LANアクセスポイント　など。

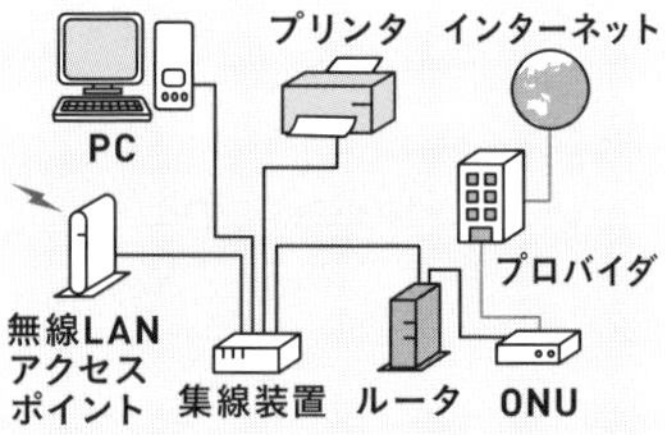

クライアントサーバシステム

●ネットワークでは，分散システムの一種である**クライアントサーバシステム**を構成していることが多い。クライアントサーバシステムとは，サービスを提供する側（**サーバ**）とサービスを利用する側（**クライアント**）で構成されたシステムである。ネットワークでサーバとクライアントをつなぎ，役割を分担させている。

●サーバには提供する役割に応じたさまざまな種類がある。
ファイルを保管する**ファイルサーバ**，印刷処理を行う**プリントサーバ**，要求に応じてWebページのデータを配信する**Webサーバ**などがある。

●クラウドシステムは，インターネット全体を対象としたサーバ群の一種である。

ここが POINT!

- LANやWANとはどのようなものか。
- LANを構成する装置にはどのようなものがあるか。
- クライアントサーバシステムとはどのようなものか。

OUTPUT

- 会社や学校など，限られた区域の中で複数のコンピュータを接続して構築したネットワークを［1］という。また，［1］どうしをつないだ広域なネットワークを［2］という。
  世界中のさまざまなネットワークが相互に接続し，世界規模に発展したネットワークが［3］である。

- ［1］を構成する主な装置を，以下の表にまとめた。

装置名	役割
［4］	光通信回線の光信号とLAN内の電気信号を変換する。
［5］	ネットワークどうしを接続する。
［6］	LANに接続された機器どうしを接続する。
［7］	無線データ通信のための電波を送受信する。

- ネットワークは，サービスを提供する側の［8］と，サービスを利用する側の［9］で役割を分担し，効率よくコンピュータを利用する［10］を構成していることが多い。

- ［8］には，さまざまな種類がある。ファイルを保管する［11］，印刷処理を行う［12］，要求に応じてWebページのデータを配信する［13］などがあり，［9］の要求に応じてこれらの［8］を使い分けている。

1 LAN
2 WAN
3 インターネット
4 ONU（光回線終端装置）
5 ルータ
6 集線装置
7 無線LANアクセスポイント
8 サーバ
9 クライアント
10 クライアントサーバシステム
11 ファイルサーバ
12 プリントサーバ
13 Webサーバ

31 情報通信における決まりごと①

プロトコル

● 人間の会話によるコミュニケーションでは，使用する言語という共通の決まりごとがあるように，さまざまな用途で使われる**コンピュータどうしの通信においても共通の決まりごと**が必要である。その決まりごとを<u>プロトコル</u>(通信規約)という。

TCP/IP

● インターネットの通信で多く使用されているプロトコルが，TCP/IP (Transmission Control Protocol/Internet Protocol)である。TCP/IPは，役割ごとに次の4つの階層で構成される。

階層	名称	役割
4	アプリケーション層	アプリケーション間のやり取りの方法を決定する。
3	トランスポート層	通信の信頼性を決定する。
2	インターネット層	データを送信する。
1	ネットワークインタフェース層	物理的な通信手段を決定する。

送信側のPC　　受信側のPC

TCPとIPの役割

● <u>TCP</u> … **正確なデータ送信を保証するプロトコル**。まず送信するデータをパケットに分割する。その際，あとで復元できるよう<u>ヘッダ</u>と呼ばれる部分に番号を振っておく。これにより，相手に届いたあとに正確に復元される。また，パケットに抜けや<u>誤り</u>などの送信エラーが生じた場合は，その場所の再送を要求する。

● <u>IP</u> … **パケットの転送と経路選択を行うプロトコル**。インターネットに接続されたコンピュータに割り当てられた個別の**IPアドレス**(➡p.66)を用いて，<u>ルーティング</u>(経路選択，➡p.66)を行い，パケットをやり取りする。

─TCP─ データを小分け (パケット)にする。	─IP─ パケットに 宛先を付け，送信する。	─TCP─ パケットを確認し， 元のデータに戻す。
PCⒶ データ→	○PCⒷ	→データ PCⒷ

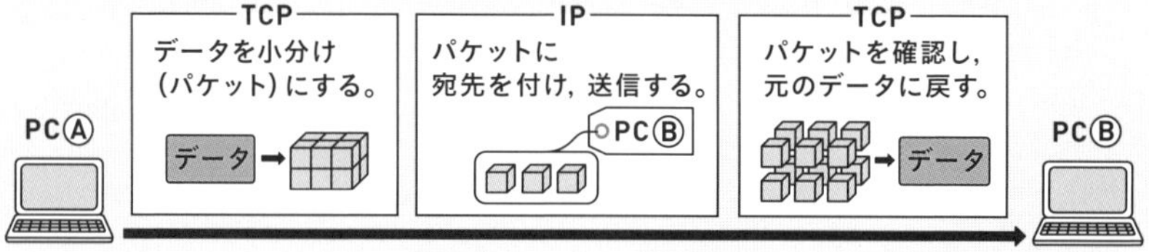

ここが POINT !

- プロトコルとはどのようなものか。
- TCP/IPとはどのようなものか。

OUTPUT

●コンピュータで情報通信を行う場合，その伝達方法には共通の決まりごとがある。これを［ 1 ］といい，インターネットでは，主に［ 2 ］/［ 3 ］と呼ばれる［ 1 ］を用いて，データが送受信されることが多い。

●［ 2 ］/［ 3 ］は，情報通信を効率よく行うために，役割ごとに4つの階層に分けて定義されており，種類の異なる［ 1 ］では，データの送受信はできない。4つの階層とそれぞれの代表的な［ 1 ］について下の表にまとめた。

階層	名称	代表的な［ 1 ］
4	［ 4 ］	HTTP，SMTP，POP
3	［ 5 ］	［ 2 ］
2	［ 6 ］	［ 3 ］
1	［ 7 ］	イーサネット

●［ 2 ］は，正確なデータ送信を保証するための処理を行う。送信元では，データをパケットに［ 8 ］し，受信側では受け取ったパケットを［ 9 ］している。
［ 8 ］の際，受信側で正確に［ 9 ］できるように［ 10 ］と呼ばれる管理用の情報に番号を記録しておく。
また，パケットの抜けや［ 11 ］が原因で送信エラーが生じた場合は，その場所の再送を要求して，パケットの整列やエラー修正を行う。

●インターネットに接続されたコンピュータは，その場所がわかるように個別の［ 12 ］が割り当てられている。

1 プロトコル
2 TCP
3 IP
4 アプリケーション層
5 トランスポート層
6 インターネット層
7 ネットワークインタフェース層
8 分割
9 復元
10 ヘッダ
11 誤り
12 IPアドレス

32 情報通信における決まりごと②

INPUT

IPアドレス

●インターネット上のコンピュータの間でデータをやり取りする場合，それぞれのコンピュータを識別するためにIPアドレスが使われる。これは，TCP/IPネットワーク上にあるすべての通信機器に割り当てられる番地のようなもので，IPv4 (**Internet Protocol version 4**)では32ビットで構成されている。2進法の0と1の羅列では人間にとってわかりにくいため，8ビットずつピリオドで4つに区切り，10進法の0～255の4つの組で表現する(例：192.168.0.1)。

●IPアドレスには，グローバルIPアドレス(世界に1つだけ存在する固有のもの)と，プライベートIPアドレス(LAN内で自由に設定できるもの)がある。

●近年，IPv4のIPアドレスの枯渇により，IPv4と併用しながら128ビットで構成されたIPv6への移行が進められている。

2進法	11000000		10101000		00000000		00000001
10進法	192	.	168	.	0	.	1

ドメイン名

●IPアドレスは数字の羅列であるため，名前を付けることでわかりやすくしている。これをドメイン名という。ドメイン名とIPアドレスの間の変換は，DNSサーバで行われる。

●ドメイン名は，Webページのurlやメールアドレスに用いられており，国名，組織の種類，組織名などで構成される。ピリオドで区切って表記し(例：bun-eido.co.jp)，一番右からトップレベルドメイン，第2レベルドメイン，第3レベルドメインという。

ルーティング

●ルーティング(経路選択)とは，ネットワーク上でデータを送信する際に，**宛先のIPアドレスをもとに最適な経路を導き出すこと**である。

●経路はルーティングテーブルに基づいて決定する。ルーティングテーブルには，データの送り先である宛先などの情報が記録されている。

ここが POINT

- IPアドレスとはどのようなものか。
- ドメイン名とはどのようなものか。
- ルーティングとはどのようなものか。

OUTPUT

●インターネット上のコンピュータの間でデータをやり取りする場合，目的のコンピュータを特定するために［ 1 ］が使われる。［ 1 ］は，インターネット上にあるすべての通信機器に割り当てられている。

●［ 2 ］は32ビットで［ 1 ］を表す規格である。8ビットずつピリオドで4つに区切り，2進法で表した0と1の数字の並びを，10進法の0～255に変換して表現している。また現在，128ビットの［ 1 ］の規格である［ 3 ］への移行が進められている。

●［ 1 ］には，インターネット上に1つだけ存在する［ 4 ］と，LAN内で自由に設定できる［ 5 ］がある。

●10進法の0～255の数字で表される［ 1 ］に，わかりやすくするために付けられる名前を［ 6 ］という。［ 1 ］と［ 6 ］の変換は［ 7 ］で行われる。［ 6 ］は，国名，組織の種類，組織名といった階層順にピリオドで区切って表記される。

●ドメイン名の一番右に表記されている部分を［ 8 ］という。［ 8 ］から順に左へ［ 9 ］，［ 10 ］と続く。

●［ 1 ］をもとに，データ送信の経路を選択することを［ 11 ］という。その際，ルータは宛先，インタフェース，ゲートウェイ，メトリックなどの情報が記録されている［ 12 ］を参照して，最適な経路を選んでいる。

1 IPアドレス
2 IPv4
3 IPv6
4 グローバルIPアドレス
5 プライベートIPアドレス
6 ドメイン名
7 DNSサーバ
8 トップレベルドメイン
9 第2レベルドメイン
10 第3レベルドメイン
11 ルーティング（経路選択）
12 ルーティングテーブル

33 Webページの仕組み

INPUT

WWW

- インターネットで広く使われている**Webページ**(➡p.36)を相互につなぐシステムが**WWW**(**World Wide Web**)である。WWWは単に**Web**とも呼ばれる。
- WWWでは**HTTP**(**HyperText Transfer Protocol**)というプロトコルが使われ，サーバとクライアントの間のデータ転送を管理している。現在は，HTTPを暗号化した**HTTPS**(HTTP Secure)が広く用いられている。
- Webページは，**ハイパーリンク**(**リンク**)を利用して，Webページ内や別のWebページと相互に結び付けられている。
- ハイパーリンクを埋め込むことのできるデータを**ハイパーテキスト**形式という。ハイパーテキストを記述する言語として**HTML**(HyperText Markup Language)が使われる。

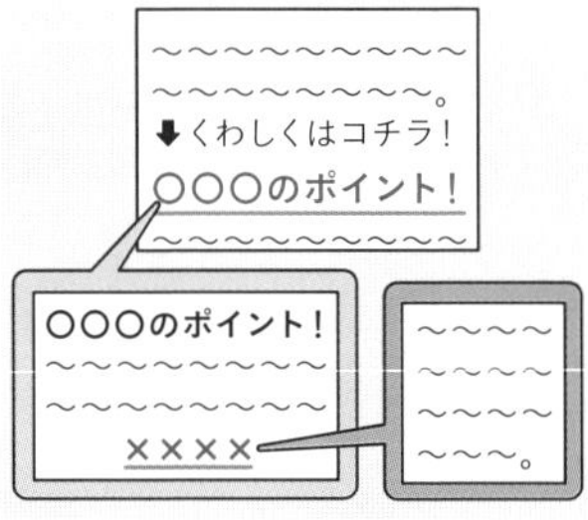

▲ハイパーテキストとハイパーリンク

URL

- Webページのデータは，Webサーバ内に保存されており，これを見る(閲覧(えつらん)する)ためのプログラムを**Webブラウザ**(**ブラウザ**)という。
- インターネット上でWebページを見るには，Webページの場所を表す**URL**(Uniform Resource Locator)を指定し，入力する。

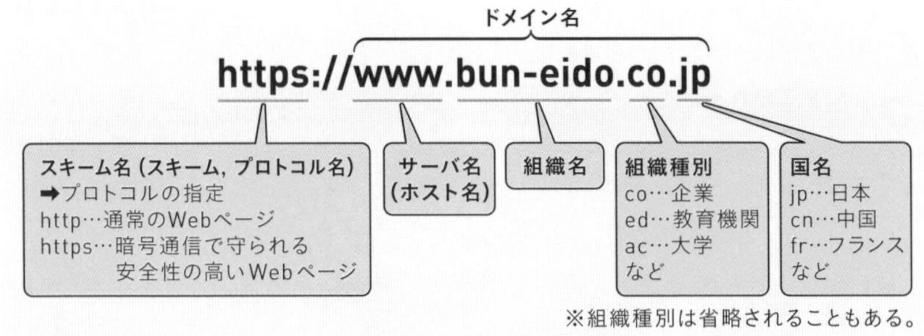

▲URLの構造

ここが POINT！

● WWWとはどのようなものか。
● URLとはどのようなものか。

OUTPUT

●インターネットで広く使われているWebページを相互につなぐシステムが［1］である。

●［1］のプロトコルは［2］が主に使われていたが，現在は，［2］の通信を暗号化した［3］が広く用いられている。

●Webページでは，［4］を利用して，他の場所にある情報との紐（ひも）づけが可能である。Webページ内に［4］を埋め込むことで，ページ内の移動や別のWebページへの移動が簡単にできる。

●［4］が埋め込まれたデータを［5］形式といい，それを記述する言語として［6］を使う。

●Webページのデータは，［7］内に保存されている。これを閲覧するプログラムを［8］という。

●［8］では，Webページの場所を［9］という表記方法で指定する。［9］は，スキーム名の他，Webページが置かれているサーバのドメイン名やパス名で構成されている。

●https://www.example.co.jpという［9］で，httpsは［10］，wwwは［11］，exampleは組織名，coは組織の［12］，jpは［13］をそれぞれ表している。

1 WWW
2 HTTP
3 HTTPS
4 ハイパーリンク（リンク）
5 ハイパーテキスト
6 HTML
7 Webサーバ
8 Webブラウザ（ブラウザ）
9 URL
10 スキーム名（スキーム，プロトコル名）
11 サーバ名（ホスト名）
12 種別
13 国名

34 電子メール

INPUT

電子メール

- インターネットを利用して，手紙のように情報をやり取りする情報通信サービスのことを**電子メール**(**メール**)または**Eメール**という。電子メールは文字だけでなく，画像や音声，また他のソフトウェアで作成したファイルも，添付して送ることができる。
- メールを送受信するソフトウェアを**メーラ**という。メーラは，過去に送受信したメールの保存や分類，検索などを行える。
- **メールアドレス**は「ユーザ名@ドメイン名」の書式で設定する。
- Webブラウザ上でメールの送受信を行うサービスを**Webメール**という。

▲ 電子メールのアドレスの構造

電子メールの送受信と管理

- 電子メールは，**メールサーバ**と呼ばれるコンピュータによって送信と受信が行われる。インターネットを通じて届けられた電子メールは，受信側のメールサーバの利用者ごとの**メールボックス**に保存される。
- 電子メールを送信するプロトコルは**SMTP** (Simple Mail Transfer Protocol)，受信するプロトコルは**IMAP** (Internet Message Access Protocol)や**POP** (Post Office Protocol)が使われる。IMAPでは受信したメールはメールサーバに残るが，POPでは受信したメールはダウンロードされてメールサーバから削除される。

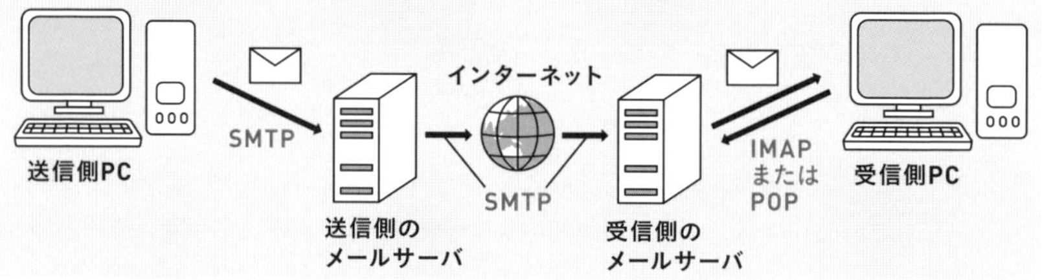

▲ 電子メールの仕組み

ここが POINT !

- 電子メールとはどのようなものか。
- 電子メールの送受信に使われるプロトコルと管理の仕組みはどのようになっているか。

OUTPUT

- インターネット上で手紙のようにメッセージを交換する場合，［ 1 ］が使われる。文字だけでなく，画像や音声，他のソフトウェアで作成したファイルなども添付してやり取りすることができる。

- ［ 1 ］は［ 2 ］と呼ばれるソフトウェアで送受信を行う。メッセージを送信するには，［ 2 ］で［ 3 ］と呼ばれる送信先を指定する。［ 3 ］は，ユーザ名のあとに@をつけ，@のあとに［ 4 ］を表記する。

- Webブラウザ上で［ 1 ］の送受信を行うことも可能なサービスを［ 5 ］という。

- ［ 1 ］の送受信を行うサーバを［ 6 ］といい，インターネットを通して届けられた［ 1 ］は［ 6 ］の中にある利用者ごとの［ 7 ］に保存される。

- ［ 1 ］では，送信を行うプロトコルとして［ 8 ］を用いる。

- 受信を行うプロトコルとしては，［ 1 ］が［ 6 ］に残る［ 9 ］や，［ 1 ］がダウンロードされて［ 6 ］から削除される［ 10 ］が用いられる。

1 電子メール（メール，Eメール）
2 メーラ
3 メールアドレス
4 ドメイン名
5 Webメール
6 メールサーバ
7 メールボックス
8 SMTP
9 IMAP
10 POP

35 通信速度とデータ圧縮

INPUT

ダウンロードとアップロード

- ダウンロード… ネットワーク上の情報やデータを入手する行為を指す。さまざまな種類のファイル，例えばソフトウェアや画像，文書ファイルなどがダウンロードの対象となる。
- アップロード… 自分のコンピュータやスマートフォン内にあるファイルや画像などをネットワーク上に送信すること。**アップロード**は，他の人に**ダウンロード**や閲覧(えつらん)するためのデータを提供する行為ともいえる。

転送（送・受信）時の通信速度とデータ量

- ネットワーク回線の通信速度は**bps**（bits per second）という単位で表現される。これは，1秒間に転送できるデータ量を表している。通信速度の値が大きいほどデータを速くやり取りできる。データ量では1K＝1024（$=2^{10}$）ごとに単位を変化させることが多いが，通信速度では1k＝1000（$=10^{3}$）ごとに単位を変化させることが多い。

単位	倍数
bps	—
kbps	1kbps＝1000bps
Mbps	1Mbps＝1000kbps
Gbps	1Gbps＝1000Mbps
Tbps	1Tbps＝1000Gbps

▲ 通信速度の単位

- 転送効率とは，ネットワーク通信の理論上の通信速度（帯域(たいいき)）に対する実際の通信速度の割合のことである。インターネット接続サービスなどで，ユーザが利用できる通信速度を保証しない方式のことをベストエフォートと呼ぶ。
- **転送時間［秒］＝データ量［bit］÷ $\left(\text{通信速度[bps]} \times \frac{\text{転送効率[\%]}}{100}\right)$**

データ圧縮とその利点

- デジタル情報は，その特性から圧縮することができる。インターネットを通じてのデータ送受信では，**ZIP**(ジップ)という圧縮形式がよく使われる。圧縮後には展開が必要である。
- **圧縮率［%］＝圧縮後のデータ量÷圧縮前のデータ量×100**
- セキュリティを高めるため，パスワード付きのZIP圧縮形式でファイルを暗号化することもある。また，複数ファイルをまとめて1つのZIPファイルにすることで，保管や管理がしやすくなる。

ここが POINT!

- ダウンロードとアップロードはどのようなものか。
- 通信速度とデータ量とはどのようなものか。
- 効率的・安全・便利に転送するための工夫にはどのようなものがあるか。

OUTPUT

●ネットワーク上にあるさまざまなファイルを入手することを，［ 1 ］という。逆に自分のコンピュータやスマートフォンの中にあるファイルをネットワーク上に送信することを［ 2 ］という。

●ネットワーク回線での情報通信の速度は，［ 3 ］という単位で表される。データ量の単位は2進法に基づき，1K＝［ 4 ］ごとに変えることが多いが，通信速度の単位では，通常の速度単位と同様に，10進法に基づき，1k＝［ 5 ］ごとに変えることが多い。

●ネットワーク通信の通信速度（［ 6 ］）に対する実際の速度の割合のことを［ 7 ］という。［ 7 ］が100%のとき，理論上の通信速度と実際の通信速度は同じである。

転送時間[秒]

$$= \boxed{\ 8\ }\,[\mathrm{bit}] \div \left(\boxed{\ 9\ }\,[\mathrm{bps}] \times \frac{\boxed{\ 7\ }\,[\%]}{100} \right)$$

●インターネット接続サービスなどで，ユーザが利用できる，通信速度を保証しない方式を［ 10 ］という。

●インターネットでは，効率よくデータを転送するために，デジタル情報を［ 11 ］して，データ量を小さくすることができるZIPという形式がよく使われる。一度，ZIP形式で［ 11 ］したデータは，［ 12 ］をしないと利用できない。［ 11 ］の際には，データ量を少なくするだけでなく，［ 13 ］を設定することも可能で，セキュリティ対策にもなる。

1 ダウンロード
2 アップロード
3 bps
4 1024
5 1000
6 帯域
7 転送効率
8 データ量
9 通信速度
10 ベストエフォート
11 圧縮
12 展開
13 パスワード

36 情報セキュリティ

INPUT

情報セキュリティ

- インターネットやコンピュータを使うとき，大切な情報が外部に漏れたり，ウイルスに感染してデータが壊されたり，普段使っているサービスが急に使えなくなったりしないように，必要な対策をすることを，情報セキュリティという。
- 情報セキュリティには基本となる**機密性・完全性・可用性**の3つの要素がある。情報セキュリティマネジメントの枠組みであるISMS (Information Security Management System)では，この3要素を保持できる管理体制が必要とされている。
  - 機密性…情報が漏洩(ろうえい)・暴露を受けないように管理をすること。
  - 完全性…情報が破壊・改変されておらず，常に正確・最新であること。
  - 可用性…情報を使いたいときに使える状態にしておくこと。

▲機密性

▲完全性

▲可用性

- 3要素に加えて，真正性，責任追及性，否認防止，信頼性の維持も含める場合がある。

ユーザ認証とそれにまつわる犯罪

- サービスの利用者が本人であるかどうかを確認する仕組みをユーザ認証(**認証**)といい，ユーザIDとパスワードを組み合わせて行うことが多い。なりすまし防止のために，ICカードや指紋，声紋，網膜などを利用する技術(生体認証)もある。また，パスワードに生体認証やランダムな数字などを組み合わせた，二段階認証の導入も進められている。
- ユーザIDとパスワードに加え，環境設定や使用権限などを含めてユーザアカウント(**アカウント**)という。アカウント情報を入力しているところを盗み見たり，他人の会話を盗み聞きしたりするなどして取得した情報を使い，コンピュータを不正に利用するソーシャルエンジニアリングや，偽(にせ)のWebサイトに誘導し個人情報をだまし取る**フィッシング**などにより，自分のユーザアカウントを不正に利用されることがある。そのため，パスワードを他人に推測されないように，文字の組み合わせを複雑にするとよい。

ここが POINT!

● 情報セキュリティとその3要素とはどのようなものか。
● ユーザ認証とそれにまつわる犯罪にはどのようなものがあるか。

OUTPUT

● 安全で快適にインターネットやコンピュータを利用するために，必要な対策をとることを［1］という。

● ［1］には3つの要素がある。
①［2］：情報が［3］・暴露を受けないように管理すること。
②［4］：情報が常に［5］・最新で利用に耐える状態に保つこと。
③［6］：情報を使いたいときに使える状態にしておくこと。

● ［7］は情報セキュリティマネジメントの枠組みで，［1］の3要素（［2］，［4］，［6］）の保持が可能な管理体制を目指し，整えることが重要であるとしている。

● 情報の［2］を守る基本的な仕組みとして，［8］と［9］を用いて，サービス利用者が本人であるかどうかを確認する［10］がある。
［8］と［9］が何らかの理由で流出すると，他人のなりすましにより不正アクセスが行われることがあるため，最近では，生体認証や［11］などの技術の導入も進められている。

● ［8］，［9］に加え，環境設定や使用権限などを含めて，［12］という。他人に［12］を不正利用されないように，厳重な管理が必要である。例えば，入力画面を盗み見るなどしてコンピュータを不正に利用する［13］や，偽のWebサイトに誘導して個人情報などをだまし取る［14］にも気を付けなくてはならない。

1 情報セキュリティ
2 機密性
3 漏洩
4 完全性
5 正確
6 可用性
7 ISMS
8 ユーザID
9 パスワード
（8・9は順不同）
10 ユーザ認証（認証）
11 二段階認証
12 ユーザアカウント（アカウント）
13 ソーシャルエンジニアリング
14 フィッシング

37 情報セキュリティの脅威と対策

INPUT

情報セキュリティの脅威

- **クラッキング**… コンピュータネットワークにつながれたシステムへ不正に侵入したり，コンピュータシステムを破壊・改ざんしたりするなどの行為。また，それを行う人を**クラッカー**という。似た言葉で誤用される**ハッキング**は，コンピュータについての高い技術を用いて調査研究することを指し，**ハッカー**も高度な技術を持つ人のことである。
- **マルウェア**… コンピュータやサービス，ネットワークに害を与えたり，悪用したりすることを目的とした，**悪意のあるソフトウェア（不正プログラム）の総称**。マルウェアには，**コンピュータウイルス（ウイルス）**，トロイの木馬，ワームなどの種類がある。

さまざまなマルウェア

- **スパイウェア**… コンピュータに侵入して外部に情報を送信するプログラム。**ユーザが気づかないうちに侵入していることが多く，発見が難しい**ため被害に気づかないケースも多い。
- **アドウェア**… 通常，オンライン広告を自動的に生成し，ユーザが広告をクリックし閲覧（えつらん）・視聴することで開発者に収益をもたらすソフトウェアを指すが，中には悪意を持ってユーザの情報を許可なく収集するものもある。
- **ランサムウェア**… 感染したコンピュータをロックしたり，ファイルを暗号化したりして使用不能にしたのち，元に戻すことと引き換えに金銭を要求するメッセージ（ランサムノート）を表示するプログラム。

不正行為を防ぐ対策

- 外部と内部のネットワークの間に，不正アクセスや情報漏洩（ろうえい）を防ぐためのファイアウォールを設置する。
- **ウイルス対策ソフトウェア**を導入して，脅威の可能性のあるコンピュータウイルスなどを検知して自動的に排除させる。ウイルス対策ソフトウェアはコンピュータ上で常に動作させ続ける。**定義ファイル**（パターンファイル）は自動的に更新される設定をする。
- **セキュリティパッチ**… ソフトウェアやアプリケーションで発見された脆弱（ぜいじゃく）性・問題点などを修正するためのプログラム。常に最新版が適用されているように留意する。

ここが POINT!

- クラッキングとはどのようなものか。
- マルウェアにはどのようなものがあるか。
- 不正行為を防ぐ対策にはどのようなものがあるか。

OUTPUT

●ネットワークにつながっているコンピュータに不正に侵入して操作したり，データの破壊や改ざんをしたりすることを［ 1 ］という。こうした行為を行う人を［ 2 ］という。［ 1 ］と混同されやすいが，コンピュータシステムの調査研究などを指すものを［ 3 ］といい，そこに善悪の区別はない。［ 3 ］を行う，コンピュータに精通した人のことを［ 4 ］という。

●コンピュータやネットワークを使ったサービスに被害を与えるため，悪意を持って作成された不正ソフトウェアを総称して，［ 5 ］という。

●［ 5 ］には，侵入したコンピュータの情報を外部に送信する［ 6 ］や，コンピュータ内のファイルを勝手に暗号化して使用不能にし，暗号解除と引き換えに金銭を要求する［ 7 ］などがある。また，主にオンライン広告を表示するソフトウェアを［ 8 ］といい，通常は悪意なく運用される。しかし，中には広告をクリックしたユーザの情報を許可なく収集するものもある。

●被害にあわないためには，ウイルスを検知し排除するための［ 9 ］の導入を行うとともに，ウイルスの特徴を収録した［ 10 ］が自動更新される設定にするなどの対策が必要である。他にも，ソフトウェアのセキュリティホール（欠陥）を修正する［ 11 ］が公開されたら適用するなど，日頃から注意することが大切である。

1 クラッキング
2 クラッカー
3 ハッキング
4 ハッカー
5 マルウェア
6 スパイウェア
7 ランサムウェア
8 アドウェア
9 ウイルス対策ソフトウェア
10 定義ファイル
11 セキュリティパッチ

38 サイバー犯罪

INPUT

サイバー攻撃

- **サイバー攻撃**…サーバ，パソコン，スマートフォンなどの情報機器に対して，ネットワークを通じてシステムの破壊やデータの改ざんなどを行う行為。攻撃対象は企業や個人の他，不特定多数を無差別に攻撃する場合もあり，その目的や手段もさまざまである。
- サイバー攻撃の手口…攻撃対象のコンピュータに**複数のコンピュータから一斉に大量のデータを送信して負荷をかける**などして，そのコンピュータによるサービスの提供を不可能にする**DDoS（ディードス）攻撃**（Distributed Denial of Service Attack）が有名である。
- マルウェアに感染させる手口として，業務に関連した正当な電子メールを装い，市販のウイルス対策ソフトでは検知できないマルウェアを添付した電子メールを送信し，受信者のコンピュータをマルウェアに感染させる**標的型メール攻撃**などがある。

サイバー犯罪

- **サイバー犯罪**…コンピュータやネットワークを利用した犯罪行為。ほとんどのサイバー犯罪は，金銭盗取が目的のクラッカーによるものである。また，利益目的ではなく，政治的または個人的な目的の場合もある。
- サイバー犯罪は，大きく分類すると，以下の3種類がある。

サイバー犯罪	内容
不正アクセス行為の禁止等に関する法律（不正アクセス禁止法）違反	他人のアカウント（ID，パスワードなど）を無断で使用して不正にネットワークにアクセスする行為や，不正アクセス行為を助長する行為など。 例 フィッシングを利用したなりすまし
コンピュータ・電磁的記録対象犯罪	コンピュータを不正に操作したり，データを削除・改ざんしたりする行為やコンピュータ・ウイルスを悪用した犯罪。
ネットワーク利用犯罪	犯罪の構成要件に該当する行為や犯罪に必要不可欠な手段として，コンピュータやネットワークを利用した犯罪。 例 SNSでの誹謗中傷（ひぼうちゅうしょう）

ここがPOINT!

● サイバー攻撃にはどのようなものがあるか。

● サイバー犯罪にはどのようなものがあるか。

OUTPUT

●サーバやさまざまな情報機器に対して，ネットワークを通じてシステムの破壊やデータの改ざんなどを行う攻撃行為を［ 1 ］という。会社などの組織や個人が対象になるほか，不特定多数を無差別に狙った攻撃もある。

●［ 1 ］の代表的な手口に，攻撃対象のコンピュータに複数のコンピュータから大量のデータを送信して負荷をかけ，そのコンピュータによるサービス提供を不可能にする［ 2 ］がある。

●［ 1 ］の他の手口として，攻撃対象をマルウェアに感染させ，管理者やユーザの意図しない動作をコンピュータに命令させるというのもある。マルウェアに感染させる方法の一つとして，市販のウイルス対策ソフトで検知できない不正プログラムを添付した電子メールを送信し，受信者にそのプログラムを開かせる，というものがある。これを［ 3 ］という。

●コンピュータやネットワークを悪用した犯罪を［ 4 ］という。多くは，金銭が目的の［ 5 ］による行為であるが，利益目的ではなく，政治的あるいは個人的動機が起因するものもある。

●［ 4 ］には大きく分類して，
・［ 6 ］行為の禁止等に関する法律違反
・［ 7 ］・電磁的記録対象犯罪
・［ 8 ］利用犯罪
の3種類がある。

1 サイバー攻撃
2 DDoS攻撃
3 標的型メール攻撃
4 サイバー犯罪
5 クラッカー
6 不正アクセス
7 コンピュータ
8 ネットワーク

39 情報セキュリティの確保

INPUT

情報セキュリティポリシー

- **情報セキュリティポリシー**… 企業や組織で行う情報セキュリティ対策の方針や行動指針のこと。
- 情報セキュリティポリシーに記載するのは，情報セキュリティに関する組織全体のルール・運用規定や保護対象となる**情報資産**，考えられる**脅威**(リスク)から情報資産を守る方法・方針，情報セキュリティを確保するための体制などである。

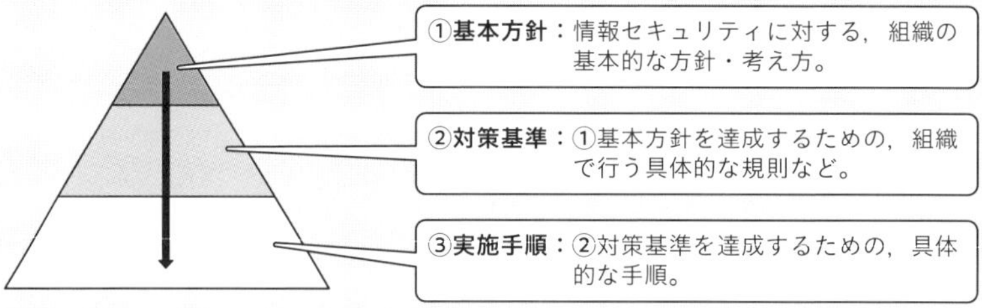

①基本方針：情報セキュリティに対する，組織の基本的な方針・考え方。
②対策基準：①基本方針を達成するための，組織で行う具体的な規則など。
③実施手順：②対策基準を達成するための，具体的な手順。

▲ 情報セキュリティポリシーの構成と内容

アクセス制御

- ある特定のデータやネットワークについて，アクセスできるユーザを制御・管理することを**アクセス制御**という。誰もが自由にデータにアクセスできる状態では情報資産を守れないため，管理者は，ユーザごとに適切な**アクセス権**を設定する。
- アクセス制御の基本機能は，**認証**(ログインの許可と拒否)，**認可**(操作範囲の制限)，**監査**(アクセス履歴の記録)の3つである。

フィルタリング

- 有害なサイトや違法なサイト，職務と無関係なサイトなどへアクセスしないようにするアクセス制御のことを**フィルタリング**という。
- 主な方式としては，アクセスを禁止するサイトをリストに記載し，それ以外のサイトへのアクセスを許可する**ブラックリスト方式**と，アクセスを許可するサイトをリストに記載し，それ以外のサイトへのアクセスを禁止する**ホワイトリスト方式**がある。

ここが POINT!

- 情報セキュリティポリシーとはどのようなものか。
- アクセス制御とはどのようなものか。
- フィルタリングとはどのようなものか。

OUTPUT

- 企業や組織で行う情報セキュリティ対策の方針や行動指針のことを［ 1 ］という。
- 企業などの組織が所有する価値のある情報を［ 2 ］という。［ 1 ］では，保護の対象となる［ 2 ］を，考えられる［ 3 ］から守る方法・方針について記載する。他には，情報セキュリティを確保するための組織体制，ルールなどを定める。
- ［ 2 ］を守るために，電子データやそれを扱うシステムについて，アクセスできるユーザを制御・管理することを［ 4 ］という。組織の中で管理者を決め，利用者ごとに適切な［ 5 ］を設定し，必要な人だけが必要な情報にアクセスでき，それ以外の人はアクセスできない体制を構築する。
- ［ 4 ］は，ログインの許可・拒否などの［ 6 ］，操作範囲を制限する［ 7 ］，アクセス履歴を記録する［ 8 ］が基本的な機能となる。
- 有害なサイトや違法なサイトなどへアクセスしないように制御することを［ 9 ］という。制御の主な方式には，アクセスを禁止するサイトをリストにし，それ以外へのサイトへのアクセスを許可する［ 10 ］方式と，アクセスを許可するサイトをリストにし，それ以外へのアクセスを禁止する［ 11 ］方式がある。

1 情報セキュリティポリシー
2 情報資産
3 脅威（リスク）
4 アクセス制御
5 アクセス権
6 認証
7 認可
8 監査
9 フィルタリング
10 ブラックリスト
11 ホワイトリスト

40 安全性を高める情報技術①

INPUT

暗号化

- **暗号化**… 情報を送受信する際，途中で第三者に盗聴されても内容がわからないようにする技術。暗号化のルールを**鍵**と呼び，これを使って**平文**(ひらぶん)(暗号化されていないデータ)を**暗号文**(暗号化されたデータ)に変換する。暗号文を受け取ったユーザは，同様に鍵を使用して暗号文を平文に戻す(**復号**)ことで元のデータにアクセスできる。

共通鍵暗号方式

- **共通鍵暗号方式**… 送信者と受信者が同じ鍵(**共通鍵**)を使用する方式。
- 共通鍵暗号方式の長所は，公開鍵暗号方式に比べて暗号化と復号の処理時間が短いことである。反対に短所は，送るデータごとに新しい鍵が必要になるので数が多くなり管理が煩雑(はんざつ)になることや，鍵を相手に渡すときに他者に複製される危険があるということである。

公開鍵暗号方式

- **公開鍵暗号方式**… 受信者がネットワーク上に公開した鍵(**公開鍵**)を使用して送信者がデータを暗号化し，受信者は自分だけが持つ鍵(**秘密鍵**)で復号する方式。公開鍵と秘密鍵はペアになっており，公開鍵で暗号化されたデータはペアの秘密鍵を使わないと復号できない。
- 公開鍵暗号方式の長所は，復号可能な鍵が漏洩(ろうえい)するリスクが低いため安全性が高いこと，受信者が秘密鍵だけ管理すればよいため鍵の管理が容易なことである。反対に短所は，共通鍵暗号方式に比べて暗号化と復号の処理に時間がかかることである。

ここが POINT !

● 暗号化とはどのようなものか。
● 共通鍵暗号方式とはどのようなものか。
● 公開鍵暗号方式とはどのようなものか。

OUTPUT

● 情報通信ネットワークでは，不特定多数の人が回線を利用するため，情報の盗聴やデータの改変などのリスクがある。こうした脅威からデータを守るため，第三者が解読できないようにデータを変換する技術がある。これを［ 1 ］という。

1 暗号化

● データの［ 1 ］に用いられるデータ変換のルールを［ 2 ］という。

2 鍵

● ［ 1 ］される前のデータを［ 3 ］といい，［ 1 ］されたデータを［ 4 ］という。［ 1 ］された情報を，元に戻すことを［ 5 ］という。

3 平文
4 暗号文
5 復号

● ［ 1 ］の代表的な方式に，データの送信者と受信者が同じ［ 2 ］を使う，［ 6 ］というものがある。変換の処理時間が短いことが利点だが，対象ごとに異なる［ 2 ］が必要なため，管理する［ 2 ］の数が多くなるという欠点がある。また，送信者から受信者へ［ 2 ］を渡す際に，他者に［ 7 ］される危険がある。

6 共通鍵暗号方式
7 複製

● ［ 1 ］の代表的なもう1つの方式は，受信者が作成したペアの［ 2 ］のうち，［ 8 ］を使って送信者がデータを［ 1 ］し送信する，［ 9 ］である。受信者は［ 10 ］を利用して，受信したデータを［ 5 ］する。データを元に戻すときに使う［ 2 ］は自分しか持っていないため，安全性が高い。また，不特定多数の人が［ 8 ］を使ってデータを送信できるため，対象が多い場合も，［ 8 ］と［ 10 ］のペアが1つあれば対応が可能である。ただし，暗号化や復号の処理に時間がかかるという短所がある。

8 公開鍵
9 公開鍵暗号方式
10 秘密鍵

41 安全性を高める情報技術②

INPUT

デジタル署名

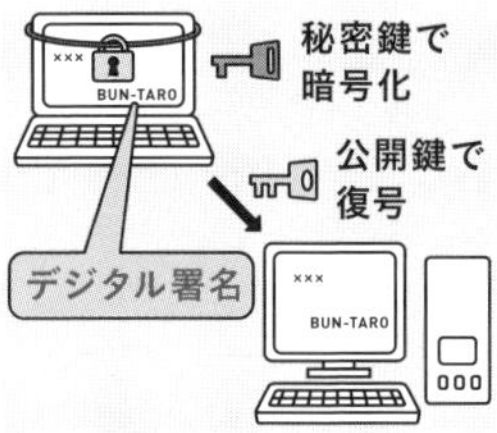

▲デジタル署名の仕組み

- デジタル署名…電子文書の発信元や，改変されていないことを証明するもの。RSA暗号を用いた**公開鍵暗号方式**(➡p.82)で，平文(ひらぶん)から計算されたハッシュ値を暗号化して送信する。受信者は暗号の復号と平文のハッシュ値の計算を行い，２つのハッシュ値が一致すれば，本人から送られたことが確認できる。
- ハッシュ値は，**元の文書から一定の演算で生成される文字列**である。元の文書から少しでも変更があると全く異なるハッシュ値が生成されるため，ハッシュ値を比較すれば改変があったかどうかを確認することができる。

電子証明書

- 電子証明書…データの送受信時に使用される公開鍵が，送信者のものであることを証明するデータ。紙の書類での手続きで使用する印鑑が本人のものであることを証明する印鑑証明書に相当する。
- 電子証明書はその信頼性を担保するために，第三者機関である**認証局**によって発行される。デジタル署名が本人のものか証明する技術を電子認証という。

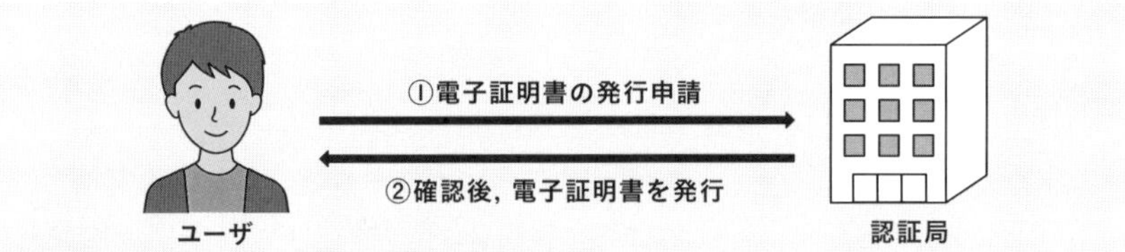

SSLとTLS

- SSL (Secure Sockets Layer)…インターネット上の通信を暗号化する技術。Webサイトへ SSLを導入すると，訪問者のブラウザとWebサーバ間の通信が暗号化される。
- 現在はSSLをさらに進化させたTLS (Transport Layer Security)という技術が使用されているが，慣例的にTLSも含めてSSLと呼ばれることもある。
- SSLを導入するとHTTPSプロトコルが使用され，URLのスキーム名は「https」となる。

ここが POINT!

- デジタル署名とはどのようなものか。
- 電子証明書とはどのようなものか。
- SSL/TLSとはどのようなものか。

OUTPUT

●電子文書の発信元や，改変されていないことを証明するために，[1]の技術を利用した[2]が使われている。

●[3]を用いた[2]の仕組みは次の通りである。
①元の文書から算出した[4]を，発信者のもとで秘密鍵を使って暗号化し，電子文書に添付して送付する。
②受信者は，暗号化された[4]を，公開鍵を用いて復号し，受け取った文書から算出した[4]と比較する。
この①と②が同じであれば，受信した電子文書が発信者本人からのものであると証明される。

●電子文書・[4]と共に送付される，公開鍵の持ち主を証明する証明書を[5]という。
信頼性を確保するため，第三者機関の[6]に登録して発行を受ける。紙の書類手続きにおける印鑑証明書に相当する。

●インターネット上での通信も暗号化することでセキュリティを強化できる。この技術を[7]という。
暗号化されたWebページのURLは「https」で始まり，このとき用いられるプロトコルを[8]という。
[7]のセキュリティをより高めた技術として[9]が用いられている。

1 公開鍵暗号方式
2 デジタル署名
3 RSA暗号
4 ハッシュ値
5 電子証明書
6 認証局
7 SSL
8 HTTPS
9 TLS

42 安全性を高める情報技術③

INPUT

電子すかし

- 電子すかし…画像や動画などのデータに特定の情報を埋め込み，オリジナルかコピーされたものかを判別する技術。デジタルウォーターマークとも呼ばれる。
- **著作権の保護や不正コピーの検知のために用いられる**ことが多く，一般的には著作権者，ロゴ，使用許諾先，コピーの可否や回数，コンテンツのID，課金情報などが埋め込まれる。埋め込まれたデータは容易に削除できないようになっており，読み出しも専用の検出アプリケーションを使う。

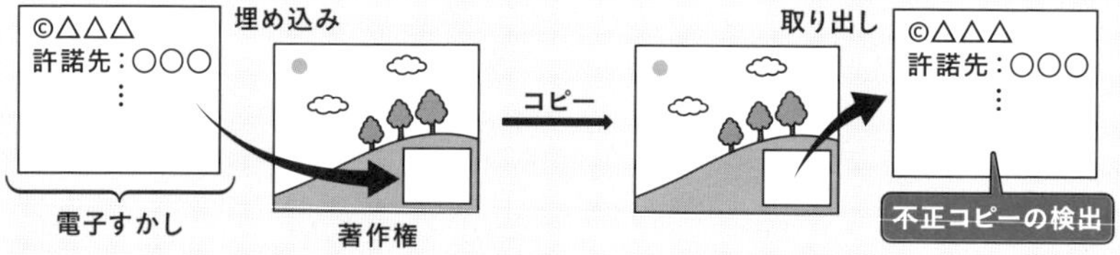

▲ 電子すかしの仕組み

誤り検出符号

- ノイズなどの影響により，誤ったデジタルデータを送受信してしまうことがある。この誤ったデータを検出，訂正するために，デジタルデータの送受信や，メモリへの書き込みの際には，誤り検出符号(チェックディジット)を用いる。
- 誤り検出の手法の一つとして，パリティ符号を用いたパリティチェックが挙げられる。送信側は送信データ(2進法で0と1の集まり)の1の数を数えて，1の数が偶数ならパリティビットを0，奇数なら1とする。この方式を偶数パリティ(even parity)といい，1の数が偶数のときにパリティビットを1にする方式を奇数パリティ(odd parity)という。

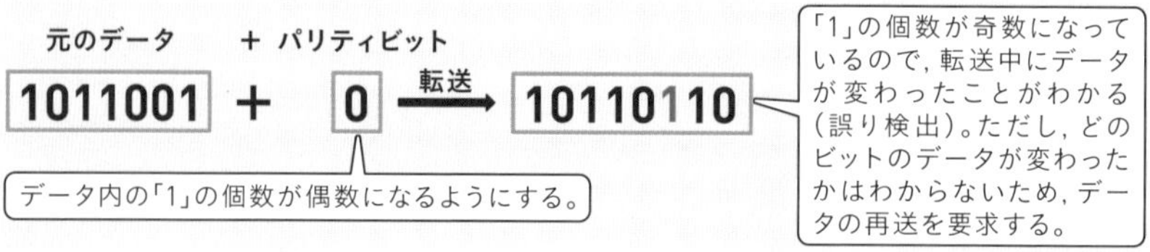

▲ 誤り検出符号の仕組み

ここが POINT !

● 電子すかしとはどのようなものか。
● 誤り検出符号によってどのように誤りを検出するのか。

OUTPUT

●Webページに掲載された画像などのデジタルデータは複製が容易であるため，著作権者の許可なく流用される恐れがある。[1]は，これを防ぐための技術で，オリジナルデータに特定の情報を埋め込み，不正にコピーされた場合に区別できるようにする。[2]とも呼ばれる。

●[1]に埋め込まれる情報は，一般的には，著作権者や制作年月日，コンテンツのIDなどで，容易には削除できない。チェックする際は専用の[3]を使用する。

●デジタルデータの送受信では，途中で[4]が加わり，データが破損して，本来のデータとは異なる誤ったデータがやり取りされる可能性がある。これを検出することを[5]という。

●データの破損は，[4]の影響でデータ内の0と1が入れ替わってしまうために起こる。代表的な[5]に，送信前の0と1が並んだデータの1の数を数えて，転送時に変化したかどうか確認する[6]という方法がある。

●[6]では，データ送信時に確認用のビットを，パケットに1つ付加する。この1ビットのことを[7]という。送信前のデータの1の数が偶数のときは[7]を0とし，奇数のときは1とする方式を[8]といい，奇数のときに0とし，偶数のときに1とする方式を[9]という。

1 電子すかし
2 デジタルウォーターマーク
3 検出アプリケーション
4 ノイズ
5 誤り検出
6 パリティチェック
7 パリティビット
8 偶数パリティ
9 奇数パリティ

43 問題解決までの流れ

INPUT

問題とは

- 理想と現実のギャップが問題である。例えば，どうしても進学したい大学があるが，今の学力では難しいといった場合，その大学に入学することができたら問題解決できたといえる。目標を達成するために，合格ラインを調べたり，学習方法を見直したりするなど，**問題解決のプロセス**を考えることが重要である。

問題解決の 5 つのステップ

①**問題の発見**… 問題(現実と理想のギャップ)を把握する。
②**問題の定義・解決の方向性の決定**… 情報を収集し，分析する。また，問題を明確化し，ゴールを設定する。
③**解決方法の提案・計画の立案**… 解決方法を考え，実行の計画を立てる。
④**計画の実行**… 情報技術なども活用し，計画を実行する。
⑤**評価・共有**… 振り返りと評価により改善を目指す。

問題解決と情報技術

▲ プレゼンテーション

- 問題解決には，情報技術を活用することも有効である。例えば，インターネットで容易に検索・調査できたり，調査した結果を図や表にすることで可視化(➡ p.28)したりすることができる。また，**プレゼンテーション**ソフトウェアで作成したスライドを使用することで，調査した内容や結果を効果的に相手に伝えることもできる。
- 情報技術を使わずに問題の解決策を出し合う方法として，以下のようなものがある。
  - ・**ブレーンストーミング**… 他人の意見を批判しないなどのルールを守り，あるテーマについて自由に意見を出し合う方法。
  - ・**KJ法**… さまざまな意見をグループ化，整理することで，新しい発想を出す方法。

ここがPOINT!

- 問題とはどのようなものか。
- 問題解決は，どのような流れで行うか。
- 問題解決のプロセスにおいて，情報技術をどのように有効活用するのか。

OUTPUT

●問題とは，理想と［ 1 ］のギャップのことである。効率よく問題解決をしたり，問題解決の質を上げたりするためには，問題解決の［ 2 ］が重要となる。

◆問題解決の5つのステップ

①問題の［ 3 ］

②問題の［ 4 ］・［ 5 ］の方向性の決定

③［ 6 ］の提案・［ 7 ］の立案

④［ 7 ］の実行

⑤［ 8 ］・共有

このプロセスを意識して繰り返すことで，よりよい問題解決ができるようになる。①から⑤のステップで，具体的に何をするかを下の表にまとめた。

ステップ	とるべき具体的な行動
①	理想と［ 1 ］のギャップを把握する。
②	情報を集め，現状を［ 9 ］する。 問題を明確にし，問題解決のゴールを設定する。
③	②で得られた情報から，何をしたら解決できるかを考え，その方法や手順を決める。
④	［ 10 ］を活用するなどして［ 7 ］を実行する。
⑤	設定したゴールと結果を照らし合わせて，プロセスを振り返り，［ 8 ］する。情報を発信・［ 11 ］し，次の機会に生かす。

●問題解決には［ 10 ］を活用することも有効で，例えばインターネットを使えば調査やデータ分析などができる。また，そうして獲得した情報を図や表にして［ 12 ］することもできる。その他，思考を促し整理するためのシンキングツールや，考えを効果的に表現するプレゼンテーションも有効である。

1 現実
2 プロセス
3 発見
4 定義
5 解決
6 解決方法
7 計画
8 評価
9 分析
10 情報技術
11 共有
12 可視化

44 データの活用

INPUT

データの収集

● **データ収集** … さまざまな情報源(ソース)からデータを収集すること。現状把握や施策の実行のために行う。収集したデータから客観的な事実や示唆(しさ)を得る。データには,**一次データ**と**二次データ**がある。

・**一次データ** … **調査目的に合った方法で自らが独自に集めたデータ**のこと。得たいデータを自らゼロから収集するため,時間や労力が必要であるが,収集の自由度は**高い**。調査の目的,内容,規模,期間などを自由に決めることができるため,予算に合わせて有用な情報を集めることができる。

・**二次データ** … **公開されているデータや一般に販売されているデータ**のこと。官公庁や調査機関などが提供するオープンデータなども含まれる。二次データは無料で手に入るものも多いが,他人がまとめたデータなので,求めるデータとの適合度は**低い**。

● **オープンデータ** … **インターネットを通じて,誰もがルールの範囲内で自由に利用できるデータ**。無償で複製や加工,再配布,商用への二次利用が可能。公開機関は政府や自治体,企業まで多岐(たき)にわたる。デジタル化されているものは処理を行いやすい。

● **サンプリング**(標本抽出) … 対象となる全体から部分的にデータを抽出すること。すべてのデータを取得できない場合でも,全体の傾向を分析することができる。

データの整理

● データはその性質によって異なる**尺度水準**(分類)が使用される。データには,数値で測ることができる**量的データ**(定量的データ)と,そうでない**質的データ**(定性的データ)がある。さらに**間隔尺度**と**比例尺度**(**比率尺度**),**名義尺度**と**順序尺度**に分類される。

● データを数値化することを**コーディング**といい,データの入力や集計の効率化が可能。

● データの中には,**外れ値**(ち)や**欠損値**が存在することもあるので,注意が必要である。

種類	尺度水準	説明,データ例
量的データ	間隔尺度	尺度の間隔に意味があるデータ。例 気温
	比例尺度	「0」が基準となり,比率にも意味のあるデータ。例 体重
質的データ	名義尺度	区別するためのデータ。例 性別(1:男性, 2:女性)
	順序尺度	順序に意味を持たせたデータ。例 ランキング

ここが POINT!

- データの種類や収集方法にはどのようなものがあるのか。
- データの整理で気を付けるべき尺度水準とはどのようなものか。

OUTPUT

●現状の把握や問題解決のために，さまざまな情報源からデータを収集することを［ 1 ］という。

●データには，調査者が自ら集めた［ 2 ］と，他者が収集して公開している［ 3 ］がある。
［ 2 ］は目的に合った方法で調査や実施ができるため，自由度は［ 4 ］が，時間・労力がかかる。
［ 3 ］は，他人がまとめた既存のデータなので，内容の適合度は［ 5 ］が，対価を払えば得ることが可能。中には無償のものもある。

●インターネットを通じて，ルールの範囲内で誰もが無償で自由に利用できるデータを［ 6 ］という。複製や加工，商用などへの二次利用も可能なものをいう。

●データには，数値で測ることができる［ 7 ］と，数値で測定できない［ 8 ］がある。
データの特徴に合わせて異なる［ 9 ］が広く使われ，
［ 7 ］では，間隔尺度，［ 10 ］の２種類，
［ 8 ］では，［ 11 ］，順序尺度の２種類，
が広く使われている。

●文字データを数値に置き換えることを［ 12 ］といい，データ入力や集計の効率化を図ることができる。

●データの中には，データ全体の分布から大きく離れた［ 13 ］や，データの値が不明あるいは収集できていない［ 14 ］と呼ばれる値が存在することがあるため，分析には注意が必要である。

1 データ収集
2 一次データ
3 二次データ
4 高い
5 低い
6 オープンデータ
7 量的データ（定量的データ）
8 質的データ（定性的データ）
9 尺度水準
10 比例尺度（比率尺度）
11 名義尺度
12 コーディング
13 外れ値
14 欠損値

45 データ分析と表計算①

INPUT

データ分析のための表計算ソフトウェア

- **表計算ソフトウェア**(**表計算ソフト**)… 表を作成してデータの集計，分析，自動計算などを行うためのソフトウェア。数値を入力して自動的に計算される表が作れ，きれいにレイアウトされた見やすい表にしたり，表の数値をもとにグラフを作成したりすることもできる。
- 表の行と列で区切られたマス目１つ１つを**セル**という。

表計算ソフトの四則演算

- 表計算ソフトでは，**演算子**を用いて四則演算を行うことができる。記号はすべて半角文字で入力する。式を入力するときは式の先頭に「＝」(イコール)を入力する。
- 加算と減算にはそれぞれ「＋」と「－」を用いるが，乗算には「**＊**」(アスタリスク)，除算には「**/**」(スラッシュ)を用いる。

絶対参照と相対参照

- 「**絶対参照**」と「**相対参照**」という２通りの方法があり，１つのセルに入力した式を他のセルにコピーして利用する場合に違いがある。
  - **絶対参照** … セルの位置を固定して参照する方法。絶対参照にするには，固定したい行番号と列番号の前に「**$**」を付ければよい。
  - **相対参照** … 数式があるセルを基準に，相対的な位置関係を保持したまま参照する方法。行と列の番号がコピー先のセルに応じて変化する。相対参照の場合は，特に記号などを付ける必要はない。

データの整頓と抜き出し

- 表計算ソフトには，データの順番を基準に沿って並べ替える「**並べ替え**」や，確認したいデータだけを表示する「**フィルタ**」という機能がある。
  - **並べ替え** … 小さい値順，五十音順，アルファベット順などに並べる「**昇順**」と，大きい値順，逆五十音順，逆アルファベット順などに並べる「**降順**」がある。
  - **フィルタ** … 表の中から確認したいデータだけを表示したいときに使用する。さまざまな条件を設定でき，必要なデータだけを簡単に表示できる。

ここがPOINT!

- 表計算ソフトウェアとはどのようなものか。
- 絶対参照, 相対参照とはどのようなものか。
- データの並べ替えとフィルタとはどのようなものか。

OUTPUT

● [1]では, 数式や関数を用いて演算をするだけでなく, 表やグラフを作成し, データを見やすくすることも可能である。集めたデータを用いて効率よく正確に分析するために[1]を使うと便利である。

● [1]で行う四則演算は, コンピュータ上では下の表のような記号を用いる。こうした演算式をセルに入力するときは, 式の先頭に「＝」(イコール)を入力する。

	数学	表計算
加算	＋	＋
減算	−	−
乗算	×	[2]
除算	÷	[3]

●セルを指定する方法は2通りある。
コピー先のセルによらず, 常に同じ行と列を参照する[4]と, コピー先のセルに応じて自動的に参照する行や列が変化する[5]である。
[4]でセルの位置を指定する場合, 行番号と列番号の前に「[6]」を付ける必要があるが, [5]の場合は, 行と列ともに前に何かを付ける必要はない。

●表にまとめたデータは, 並べ替えも可能である。値の小さいものから並べる[7], 大きいものから並べる[8]がある。また[9]機能を使えば, 抽出条件を設定し, 必要なデータだけを表示することが可能である。

1 表計算ソフトウェア(表計算ソフト)
2 ＊(アスタリスク)
3 /(スラッシュ)
4 絶対参照
5 相対参照
6 $
7 昇順
8 降順
9 フィルタ

46 データ分析と表計算②

INPUT

関数と引数

●**関数**…あらかじめ定義された数式のこと。関数に渡す入力値を**引数**(ひきすう)といい，引数に応じた計算を関数が実行する。関数を使うと，四則演算だけでなく複雑な計算も行うことができる。セル内では次のように記述する。

例・「＝関数名(セル(値) 1,セル(値) 2,…)」

➡複数のセル(値)を「,」(**カンマ**)で区切る。

・「＝関数名(セル1:セル2)」

➡範囲の左上と右下のセル番地を「:」(**コロン**)で区切る。

主な関数

●表計算ソフトで用いられる関数には以下のようなものがある。

・**SUM関数**… **引数の合計値**を求める。

例「=SUM (A1:A5)」➡A1からA5までのセルの合計値を求める。

・**MAX関数**… **引数の最大値**を求める。

例「=MAX (A1:A5)」➡A1からA5までのセルの最大値を求める。

・**MIN関数**… **引数の最小値**を求める。

例「=MIN (A1:A5)」➡A1からA5までのセルの最小値を求める。

統計処理に用いる関数

●収集したデータの分布の特徴を表す値を**基本統計量**(要約統計量，記述統計量)という。基本統計量を調べると，データの基本的な性質を知ることができるため，データ分析の際によく使用される。

●基本統計量の計算に用いる主な関数には次のようなものがある。

・AVERAGE関数…引数の**平均値**を求める。

・MEDIAN関数…引数の**中央値**を求める。

・MODE.SNGL関数…引数の**最頻値**を求める。

・VAR.P関数…引数の**分散**を求める。

・STDEV.P関数…引数の**標準偏差**を求める。

A組　小テスト(10点満点)の結果

出席番号	点数
1	6
2	4
3	6
34	4
35	6

平均値	5.1
中央値	6
最頻値	6
分散	9.3
標準偏差	3.0

ここが POINT!

- 関数と引数とはどのようなものか。
- 表計算ソフトで用いられる関数にはどのようなものがあるのか。
- 統計処理に用いる関数にはどのようなものがあるのか。

OUTPUT

●表計算ソフトにおいて[1]とは，あらかじめ定義された数式のことをいう。[1]に渡す入力値を[2]といい，この値に応じた計算結果を返す。[1]を用いると，表の中に点在している複数のデータを参照し，複雑な計算をすることが可能である。

1 関数
2 引数

●[2]は，「[3]」で区切って個別に指定するか，範囲の左上端と右下端のセル番地を「[4]」で区切って指定する。

3 ，(カンマ)
4 ：(コロン)

●表計算ソフトで使われる主な[1]を下の表にまとめた。

[1]	演算内容
[5]	合計値を求める。
[6]	最大値を求める。
[7]	最小値を求める。

5 SUM関数
6 MAX関数
7 MIN関数

●収集したデータの特徴を表す値を[8]という。要約統計量や記述統計量ともいう。データ分析の際に使用され，データの概要や性質を把握できる。

8 基本統計量

●[8]の計算に用いる主な[1]を下の表にまとめた。

[1]	演算内容
AVERAGE関数	[9]を求める。
MEDIAN関数	[10]を求める。
MODE.SNGL関数	[11]を求める。
VAR.P関数	[12]を求める。
STDEV.P関数	[13]を求める。

9 平均値
10 中央値
11 最頻値
12 分散
13 標準偏差

47 データ分析と表計算③

INPUT

データの可視化

● **データの可視化とは，数値などのデータを表やグラフなどで見やすく表現すること**である。データを可視化すると，数値を羅列しただけのデータよりも視覚的に傾向をつかみやすく，情報をわかりやすく伝えることができる。

主なグラフ（その 1）

● **折れ線グラフ** … 時系列などの連続的変化を表すときに使われる。グラフの横軸は「年」や「月」など時間となることが多い。月ごとの気温の変化や毎年の売り上げの推移など，時間によるデータの変化を表現するのに適している。

● **棒グラフ** … 縦軸にデータ量をとり，棒の高さでデータの大小を表す。データの大小関係を表現したり，比較したりするのに適している。データ量に加えてその内訳の割合を表す**積み上げ棒グラフ**もある。

● **円グラフ** … 全体を100％として，各項目が占める割合を表すのに使われる。項目ごとの比率が一目でわかるよう表現するのに適している。

● **レーダーチャート** … 1つの対象に対して複数の項目からバランスや特性を表現する際に使われる。異なる観点から点数をつけたり評価したりできるので，商品の特徴や食品の栄養素，個人の成績などを表す際に適している。

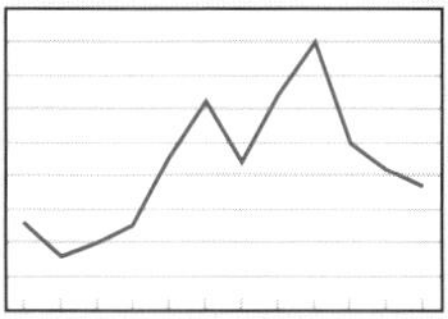

▲ 折れ線グラフ

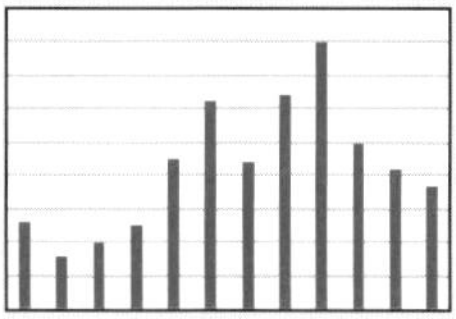

▲ 棒グラフ

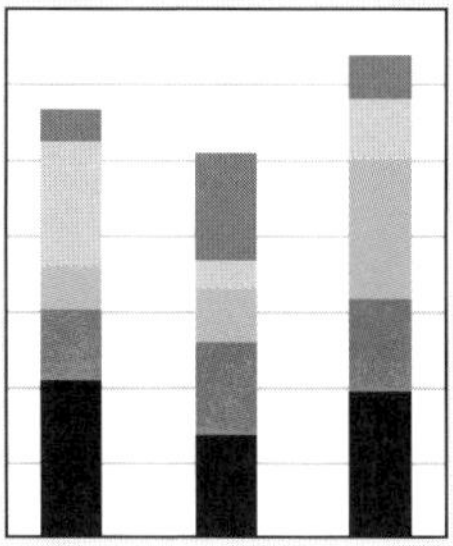

▲ 積み上げ棒グラフ

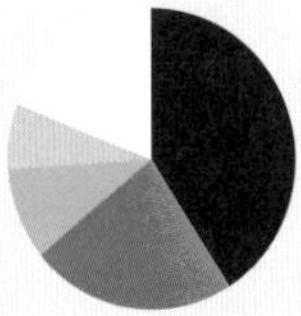

▲ 円グラフ

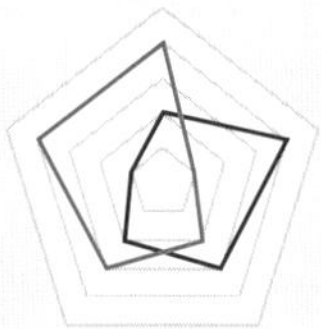

▲ レーダーチャート

ここが POINT

● データの可視化は何のために，どのように行うのか。
● 折れ線グラフ，棒グラフ，円グラフ，レーダーチャートの特徴はどのようなものか。

OUTPUT

●データを表やグラフなどで見やすく表現することをデータの［ 1 ］という。［ 1 ］することで，データの傾向や特徴が読み取りやすくなり，考察が進んだり，迅速な意思決定につながったりするなど，利点が多い。

●主なグラフの特徴を下の表にまとめた。

グラフ	特徴
［ 2 ］	［ 3 ］に沿って連続的に変化する量を表すときに使われる。グラフの横軸は時間となることが多い。月ごとの気温の変化や，年間売り上げの推移などを表現するのに適する。
［ 4 ］	項目ごとの大小を比較するのに適しており，棒の高さでデータ量を表す。 項目の合計と割合を表すことができる［ 5 ］もある。
［ 6 ］	全体を100%として，各項目が占める全体に対する割合を円で表す。各項目の比率が一目でわかる。
［ 7 ］	1つの対象に対して複数の項目の値を，同じ数値尺度で表す。項目ごとの値から，全体の［ 8 ］を見るのに適する。［ 8 ］が良いと，正多角形に近くなり，数値が大きいと面積が大きくなる。個人の教科ごとの成績など，対象の特徴を表すのに適する。

1 可視化
2 折れ線グラフ
3 時系列
4 棒グラフ
5 積み上げ棒グラフ
6 円グラフ
7 レーダーチャート
8 バランス

48 データ分析と表計算④

INPUT

主なグラフ（その 2）

●**散布図**… 2 つの項目を縦軸と横軸に設定して，データの位置をプロット（打点）したもの。**相関関係**（➡ p.100）を調べるときなどに使われる。例えば，縦軸を身長，横軸を体重とし，身長が高い人ほど体重が重いのかといった相関を，点の分布から見ることができる。相関図，X-Y グラフともいう。

●**バブルチャート**… 散布図にもう 1 つの項目を加えて 3 つの項目の関係性を表す。散布図の点を円に変え，円の大きさによって 3 つめの値を表現する。

●**ヒストグラム**… データをいくつかの階級に分けて度数分布表を作成し，縦軸に度数，横軸に階級をとって棒グラフのように表現したグラフ。統計データを表示する際に使われることが多く，点数の分布や偏差値，年齢別の調査結果などを表現するのに適している。

●**箱ひげ図**… ヒストグラムと同様に，データの分布や散らばり具合を表す際に使われる。最大値と最小値に加え，データを四等分して第 1 四分位数，第 2 四分位数（中央値），第 3 四分位数を表すのが特徴。

●グラフを作成する際の注意点 … グラフタイトル，軸ラベル，軸目盛り，**凡例**（はんれい）（グラフで使用した線や色の違いを説明するもの。）などを入れる。**軸ラベルに単位を付けるのを忘れない**こと。

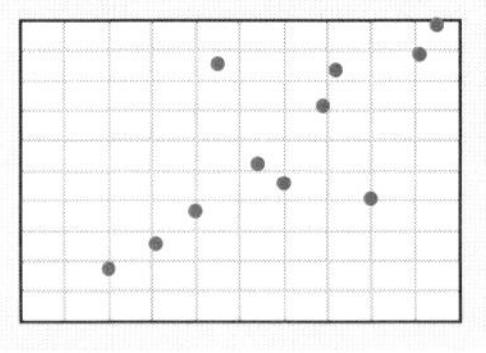

▲散布図

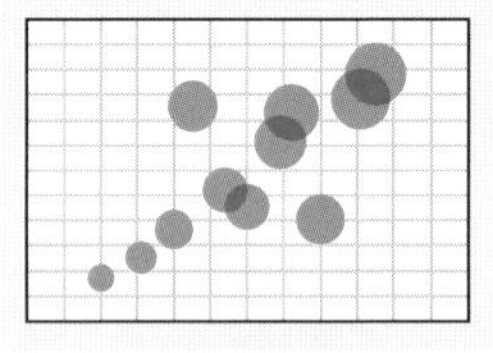

▲バブルチャート

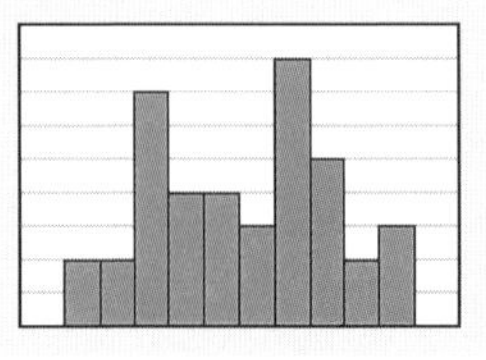

▲ヒストグラム

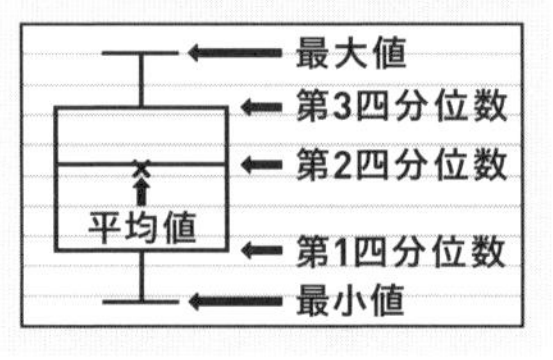

▲箱ひげ図

ここが POINT !

- **散布図，バブルチャート，ヒストグラム，箱ひげ図の特徴はどのようなものか。**
- **グラフを作成する際はどのような点に注意すればよいのか。**

OUTPUT

●データの分布を表現するのに適した，主なグラフの特徴を下の表にまとめた。

グラフ	特徴
[1]	2つの項目を縦軸と横軸にしてプロット（打点）したもの。点の分布から，2つのデータの[2]を読み取るのに適している。相関図やX-Yグラフともいう。
[3]	[1]にもう1つの項目を加えて3つの項目の関係性を表現する。点を円に変えて，円の大きさで3つめの値を表す。
[4]	データを[5]に分けて度数分布表を作り，これを棒グラフのように表す。統計データを表示する際に使われることが多い。
[6]	データの分布や散らばり具合を表す。データを小さい順に並べて四等分し，最大値と最小値に加えて，第1四分位数，第2四分位数（中央値），第3四分位数を表す。また，平均値を「＋」や「×」でグラフ上に記述することも可能。

●グラフを作成する際は，グラフタイトル，軸ラベル，[7]を必ず付ける。軸ラベルには，[8]も入れる。

1 散布図
2 相関関係
3 バブルチャート
4 ヒストグラム
5 階級
6 箱ひげ図
7 凡例
8 単位

49 データ分析の手法

INPUT

データ集計の種類

● 集計の方法には主に，**単純集計**と**クロス集計**の2種類がある。

・単純集計…設問ごとに，何人が回答したのか(度数)，それは全体の何パーセントなのか(比率)，その平均値などを求める基本的な集計方法である。

・クロス集計…単純集計表の値を，性別・年齢などの要素や他の設問の結果とかけ合わせて(クロスさせて)クロス集計表(**分割表**)を作成し，相互の関係をより詳しく分析する集計方法である。

相関

● 統計学において相関関係とは，一方の数値が増加すると，もう一方の数値が増加する関係，もしくは減少する関係のことをいう。一方が増えるともう一方も増える場合を**正の相関**がある，一方が増えるともう一方が減少する場合を**負の相関**があるという。

● 相関の強さを示すのが相関係数という数値である。相関係数は－1から1の間の値を取り，値が正なら正の相関，値が負なら負の相関がある。**相関係数の絶対値が大きいほど，正，負ともに相関は強い**といえる。

回帰

● 2つの変数に“原因→結果”の関係があることを因果関係があるという。

● 2つの変数が因果関係にあり，原因となる変数と結果となる変数の間の関係を直線，あるいは曲線の形で表すことを回帰という。この直線や曲線を式で表したものを回帰式といい，この回帰式を求めることを回帰分析という。

● 結果となる変数を**目的変数**や**従属変数**，その原因となる変数を**説明変数**や**独立変数**という。説明変数が1つの場合の回帰分析を単回帰分析，複数の場合を重回帰分析という。

● 説明変数と目的変数の間の関係が直線$y=ax+b$という形で表されるとき，この直線を回帰直線という。

ここが POINT

- データ集計にはどのような種類があるか。
- 相関とはどのようなものか。
- 回帰とはどのようなものか。

OUTPUT

●アンケートなどのデータの集計方法には，主に［1］と［2］の２種類がある。
［1］は，設問ごとに回答した人数やその割合などを集計する基本的な集計方法である。
［2］は，［1］の値を，他の要素や他の設問の結果と掛け合わせる集計方法である。詳細な分析を行うために［3］を作成し，相互の関係を調べることができる。

●２つの変数の間で，一方の変数の値の増減によって，もう一方の変数の値が増減することを［4］があるという。一方が増えるともう一方も増える関係を［5］があるといい，一方が増えるともう一方が減る関係を［6］があるという。相関の強弱を表す数値には［7］があり，－1から１の間の値を取る。この値が正の場合は［5］，負の場合は［6］となる。

●２つの変数の間に原因と結果の関係があることを［8］があるという。［8］にある２つの変数の関係を，それぞれをxとyで表した式で表現できることがある。これを［9］といい，その式を［10］，［10］を求めることを［11］という。

●［10］が$y=ax+b$の直線の式で表せるとき，この直線を［12］という。

1 単純集計
2 クロス集計
3 クロス集計表（分割表）
4 相関関係
5 正の相関
6 負の相関
7 相関係数
8 因果関係
9 回帰
10 回帰式
11 回帰分析
12 回帰直線

50 データベース①

INPUT

データベース

- データベース … ルールによって整理されたデータの集まり。情報になる前の事実や資料がデータであるため「**データベース＝事実や資料の集まり**」ともいえる。
- データベースでデータ管理をする利点 … あちこちに散らばっている膨大（ぼうだい）なデータを一元管理できるため，データを効率よく活用できる。
- データは多ければ多いほど活用できる幅が広がるため，大量のデータを蓄積できるデータベースは，今日では必須の情報システムである。データを活用しやすくするために，データベースをどのように整理・管理するのかは非常に重要である。

DBMS（DataBase Management System）

- データベースを効率的に活用するためには，データベースを統合的に管理するためのシステムが必要となる。データベースの作成，運用，管理を行うシステムをDBMS（**データベース管理システム**）という。複数の利用者でデータファイルを共有したり，安全にデータを更新したりといった操作を可能にする。
- DBMSを利用するときは，SQLという言語を使うことが多い。SQLによって，データの追加や更新・削除・並べ替えなどを命令する。
- DBMSには，主に以下の５つの機能がある。
  - ・データの一貫性 … 複数ユーザでデータを共有・操作しても矛盾が生じない。
  - ・データの整合性 … データの重複や不正な更新などを防ぎ，データの品質を維持する。
  - ・データの独立性 … プログラムの変更がデータに影響を与えない。
  - ・データの機密性 … データベースを操作できるアクセス権を制御する。
  - ・データの可用性（障害対策）… データ回復のためのバックアップ，リカバリなど。

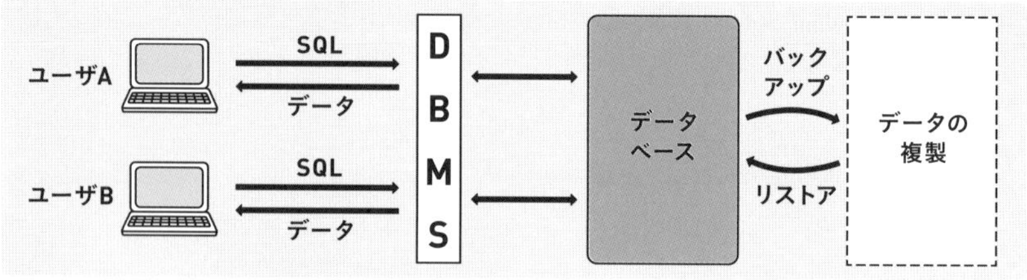

▲データベースの仕組みと機能

ここが POINT

- データベースとはどのようなものか。
- DBMSにはどのような役割や機能があるのか。

OUTPUT

- データを一定のルールによって整理して蓄積したものを［1］といい，データの量が多いほど活用できる幅が広がるため，価値が高い。

- ［1］を効率よく活用するために，一元管理するシステムを［2］という。［1］へのアクセスはすべて，［2］を介して行えば，利用者は複雑な仕組みを意識することなく，必要なデータを検索して参照することができる。

- ［1］を操作する言語の代表的なものに［3］がある。［3］はデータの追加や更新・削除・並べ替えなどの命令をする際に使う言語である。

- ［1］の主な機能を下の表にまとめた。

機能	機能
データの［4］	複数の利用者でデータを共有でき，同時にアクセスしても矛盾が生じない。
データの［5］	データの重複や不正な更新を防ぎ，品質を維持する。
データの［6］	データベースとプログラムを独立して管理し，プログラムの変更がデータに影響を与えない。
データの［7］	データベースへのアクセス権を制御する。
データの［8］	データ回復のためのバックアップ，［9］などを行う。

1 データベース

2 DBMS（データベース管理システム）

3 SQL

4 一貫性

5 整合性

6 独立性

7 機密性

8 可用性（障害対策）

9 リカバリ

51 データベース②

INPUT

リレーショナルデータベース

- **リレーショナルデータベース**(関係データベース)… データを**行**(レコード)と**列**(フィールド)によって構成された**表**(テーブル)形式で管理するモデルを**関係モデル**といい，これに基づくデータベースのことをリレーショナルデータベース(関係データベース)，略して**RDB (Relational DataBase)**という。最も普及しているデータベースの１つ。
- 表(テーブル)内で行(レコード)を一意に特定するための項目を**主キー**と呼ぶ。また，複数の項目を組み合わせて一意に特定する項目を**複合キー**(連結キー)，他の表と関連付けをする項目を**外部キー**という。
  リレーションとは，テーブルどうしの関係を設定し，関連付けるものである。複数の表から共通する項目を結び付け，１つの表にする**結合**，条件に合う行を取り出す**選択**，必要な列を取り出す**射影**などの操作により，さまざまな形にすることができる。

主キー：出席番号　外部キー：出身中学校　参照

出席番号	氏名	出身中学校		部活動	
1	A	01	東中	02	サッカー部
2	B	02	西中	00	なし
3	C	03	北中	04	水泳部

分類コード	分類
01	東中
02	西中
03	北中

分類コード	分類
00	なし
01	弓道部
02	サッカー部

さまざまなデータベース

- データベースの項目や構成，形式を整理したものを**データモデル**という。RDBで利用できるデータモデルはテーブルの構造に固定されている。SQLを用いるRDBに対して，テーブルの構造に固定することなく，さまざまな形式のデータを格納できるデータベースを**NoSQL**という。NoSQLではデータベースの容量や性能を向上させるための**スケールアウト**に対応しやすく，システムの拡張・分散性が高い点が利点。
  - **キー・バリュー型** … キー(項目)とバリュー(値)の組み合わせのモデル。
  - **カラム指向型** … キー・バリュー型にカラム(列)の概念をもたせたモデル。
  - **グラフ指向型** … 複数のデータ間のつながりを管理するモデル。

キー・バリュー型

氏名	出身中学校
A	東中
B	西中
C	北中

カラム指向型

氏名	出身中学校	部活動	委員会など
A	東中	サッカー部	なし
B	西中	なし	生徒会
C	北中	水泳部	××委員会

グラフ指向型

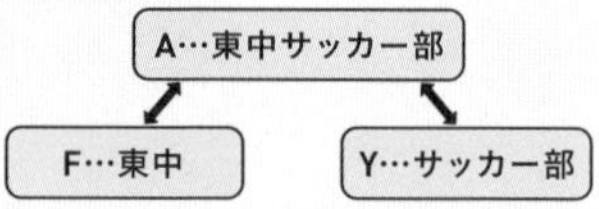

ここが POINT !

- リレーショナルデータベースとはどのようなものか。
- その他のデータベースにはどのようなものがあるのか。

OUTPUT

●データを行(レコード)と列(フィールド)によって構成された［ 1 ］形式で管理するモデルを［ 2 ］といい，［ 2 ］に基づくデータベースを［ 3 ］という。

●行を特定するための必要な項目を［ 4 ］といい，テーブル内で重複してはならない。2つ以上の項目を組み合わせて［ 4 ］とする場合，それらの項目を［ 5 ］という。
また，他の表と関連付ける項目を［ 6 ］という。
［ 3 ］の大きな特徴でもある，便利な操作を下の表にまとめた。

操作	具体的な機能
［ 7 ］	複数の表から共通する項目を結び付け，1つの表にする。
［ 8 ］	必要な列を取り出す。
［ 9 ］	条件に合う行を取り出す。

●データベースの項目や構成，形式を整理したものを［ 10 ］という。［ 3 ］の［ 10 ］は表(テーブル)形式であるが，それでは対応できないデータに対応するため，［ 11 ］と総称される［ 10 ］が開発されている。
［ 11 ］は，コンピュータの台数を増やし，データベースの容量や性能を向上させる［ 12 ］に対応しやすい。
［ 11 ］の代表的な［ 10 ］を下の表にまとめた。

型	構造の特徴
［ 13 ］	キー(項目)とバリュー(値)のみ。
［ 14 ］	カラム(列)方向のデータのまとまりを効率よく扱える。
［ 15 ］	データどうしの複雑な関係を保持するのに適している。

1 表(テーブル)
2 関係モデル
3 リレーショナルデータベース(関係データベース)
4 主キー
5 複合キー(連結キー)
6 外部キー
7 結合
8 射影
9 選択
10 データモデル
11 NoSQL
12 スケールアウト
13 キー・バリュー型
14 カラム指向型
15 グラフ指向型

52 コンピュータの構成

INPUT

コンピュータを構成する装置

- コンピュータは，**数値の記憶，演算，外部との入出力を行う電子機器**である。
- コンピュータを構成する装置は，以下の 5 つに分類され，**五大装置**という。
  - ・入力装置 … 人間の操作でデータや指示をコンピュータに伝える。文字を入力するキーボード，画面上の位置情報を操作するマウスなど。
  - ・記憶装置 … データやプログラムを保存する。主記憶装置(メインメモリ)，補助記憶装置(HDD や SSD)など。
  - ・演算装置 … データの計算を行う。
  - ・制御装置 … 記憶装置にある命令を読み込み，演算装置や周辺装置(**コンピュータに接続して使う機器**)の制御を行う。演算装置と制御装置を合わせて中央処理装置(**CPU**)という。
  - ・出力装置 … 処理した情報を外部に出力する。ディスプレイ，プリンタなど。

ハードウェアとソフトウェア

- コンピュータを構成する要素として，大きく以下の 2 つに分類される。
  - ・ハードウェア … 物理的な機器。五大装置はこれにあたる。
  - ・ソフトウェア … 物理的な実体のないプログラムやデータのこと。ハードウェアに演算や画面表示などの指示を行う。

さまざまなソフトウェア

- ソフトウェアは，以下の 2 つに分類される。
  - ・基本ソフトウェア … オペレーティングシステム(**OS**：Operating System)のこと。ハードウェアの制御や応用ソフトウェアの管理を行う。ドライバを追加することで周辺機器を動作させることができる。
  - ・応用ソフトウェア … アプリケーションソフトウェア(**アプリ**)とも呼ばれ，基本ソフトウェア上で動作するソフトウェア。文書作成ソフトや表計算ソフト，メールソフトなど，特定のタスクを実行するための手段として使う。

ここが POINT!

- コンピュータを構成する装置とはどのようなものか。
- ハードウェアとソフトウェアとはどのようなものか。
- ソフトウェアにはどのような種類があるのか。

OUTPUT

●コンピュータを構成する5つの装置とそれらの機能について下の表にまとめた。

装置名	機能
[1]	外部からデータをコンピュータに伝える。キーボード，マウスなどが該当。
[2]	データやプログラムを保存する。 補助記憶装置，[3]が該当。
[4]	データの計算を行う。
[5]	各装置の制御を行う。
[6]	処理した情報を外部に出力する。ディスプレイやプリンタが該当。

●コンピュータに接続して使用する機器を[7]という。

●[5]には，[7]を含めた各装置の制御を行う役割がある。[4]と[5]を合わせて，[8]という。

●コンピュータを構成する物理的な機器を[9]，コンピュータに指示を与えるプログラムやデータなどを[10]という。

●[10]は，大きく2つに分類される。そのうち，特定の作業をするのに用いられるものを[11]という。
[11]は[12]（アプリ）とも呼ばれ，文書処理ソフトウェアをはじめとして，目的に応じたさまざまな種類がある。

●[11]に対して，[9]を制御したり，[11]の管理を行ったりする[10]を[13]という。
[13]は[14]（OS）とも呼ばれる。

1 入力装置
2 記憶装置
3 主記憶装置（メインメモリ）
4 演算装置
5 制御装置
6 出力装置
7 周辺装置
8 中央処理装置（CPU）
9 ハードウェア
10 ソフトウェア
11 応用ソフトウェア
12 アプリケーションソフトウェア
13 基本ソフトウェア
14 オペレーティングシステム

53 ソフトウェアの仕組み

INPUT

プログラム

- コンピュータに**指示する命令の集まり**を**プログラム**という。コンピュータは，プログラムに書かれた命令の順番にしたがって，計算をしたり，情報を処理したりする。**プログラムはソフトウェアの一種**である。
- コンピュータは，「0」と「1」のデジタル情報の組み合わせで動作する。「0」と「1」からなる，**コンピュータが直接解読できる言語**を**機械語**という。
- 機械語に対して，**人間がプログラムの作成に使う言語**を**プログラミング言語**という。コンピュータに作業させたいことがあったら，プログラミング言語を使って命令を書いた**ソースコード**を作り，これを機械語に変換して動作させる。

プログラムの動作の仕組み

- コンピュータは次のような流れで各装置(➡p.106)を動作させている。
  ①**入力装置**から指示やデータを受け取る。
  ②**記憶装置**(主記憶装置と補助記憶装置)に，命令とデータが格納される。
  ③順番に**中央処理装置**(CPU)に読み込み，処理を実行する。
  ④処理結果が**記憶装置**に格納される。
  ⑤**出力装置**で結果を出力する。

CPUの動作

- CPUは以下の役割を持つ装置から構成されている。

装置	役割
プログラムカウンタ	次に実行すべき命令が入っているメモリ上の番地を記憶する。
命令レジスタ	CPUの実行ユニットの一部で，現在実行中の命令を格納する。
命令解読器	メモリから読み込んだ命令を解読し，他の回路に必要な信号を送る。
データレジスタ	データを一時的に記憶する。
演算装置	制御装置からの命令によって，四則演算や論理演算を行う。

- CPUは主記憶装置(メインメモリ)とともに動作し，命令の読み出し，解読，データの読み出し，命令の実行を順番に行っていく。

ここがPOINT!

- プログラムとはどのようなものか。
- プログラムの動作の仕組みはどのようになっているか。
- CPUとはどのようなものか。

OUTPUT

● [1]は，コンピュータに対する命令の集合体である。コンピュータは，[1]によって指示された順に，情報の処理をする。

● コンピュータ内では，あらゆる情報を「0」と「1」の数字の組み合わせに置き換えて動作する。このとき用いられる，「0」と「1」だけで構成される言語を[2]という。一方で，私たちがコンピュータに対して命令を書くときは，[3]と呼ばれる専用の言語を用いる。

● [3]を用いて書いた命令の手順書を[4]という。コンピュータは，[4]を[2]に変換し，その指示通りにあらゆる作業の処理をしている。

● コンピュータ内での処理工程は次の通りである。
①[5]から指示やデータを受け取る。
②[6]に命令とデータを格納する。
③[7]で，命令に基づいて演算処理を行う。
④処理結果を[6]に格納する。
⑤[8]で結果を出力する。

● [7]はコンピュータの演算を処理する装置である。[7]の内部は複数の装置で構成されており，[9]の読み出しから解読，データの読み出し，[9]の実行までを順番に行っていく。

1 プログラム
2 機械語
3 プログラミング言語
4 ソースコード
5 入力装置
6 記憶装置
7 中央処理装置（CPU）
8 出力装置
9 命令

54 演算の仕組み

INPUT

論理回路

- CPUの内部では,「0」と「1」の２つの信号で演算や制御を行う。この処理を行う回路を論理回路という。論理回路の基本要素は論理積(AND)回路，論理和(OR)回路，否定(NOT)回路の３種類で，これらを組み合わせてさまざまな機能の回路を作成する。
- **すべての入力の組み合わせに対応する出力を表した表**を真理値表という。

論理積(AND)回路

- **２つの入力がどちらも「1」(ON)であるときに出力が「1」(ON)となる回路**を論理積(AND)回路という。２つの入力をA，B，出力をYとすると，論理積(AND)の回路記号と真理値表は右のようになる。この回路を言葉で説明すると「A and B」や「AかつB」となる。

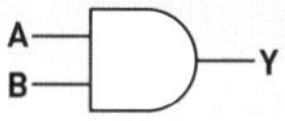

入力		出力
A	B	Y
0	0	0
0	1	0
1	0	0
1	1	1

論理和(OR)回路

- **２つの入力のいずれかが「1」(ON)であるときに出力が「1」(ON)となる回路**を論理和(OR)回路という。２つの入力をA，B，出力をYとすると，論理和(OR)の回路記号と真理値表は右のようになる。この回路を言葉で説明すると「A or B」や「AまたはB」となる。

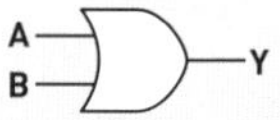

入力		出力
A	B	Y
0	0	0
0	1	1
1	0	1
1	1	1

否定(NOT)回路

- **入力に対して出力の信号の真偽値が反転する回路**を否定(NOT)回路という。「0」を入力すると「1」が出力され,「1」を入力すると「0」が出力される。入力をA，出力をYとすると論理否定(NOT)の回路記号と真理値表は右上のように表される。

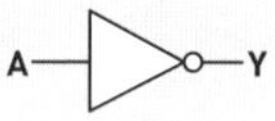

入力	出力
A	Y
0	1
1	0

ここが POINT !

- 論理回路とはどのようなものか。
- 3つの基本的な論理回路はそれぞれどのような処理を行うのか。

OUTPUT

● CPUの内部では，どんなプログラムも「0」と「1」で処理を行っており，この2進数で処理される計算を論理演算という。
論理演算を行う回路を［ 1 ］という。

1 論理回路

● ある回路において，すべての入力の組み合わせに対応するすべての出力を，1つの表に表したものを［ 2 ］という。
また，回路を図示したものを回路図といい，3つの基本回路にはそれぞれ決まった回路記号がある。

2 真理値表

● ［ 1 ］の基本となる回路は3種類ある。それぞれの回路について，以下にまとめた。
- ［ 3 ］回路は，2つの入力と1つの出力を持ち，2つの入力がいずれも「1」のときだけ，出力が「1」となる。
- ［ 4 ］回路は，2つの入力と1つの出力を持ち，2つの入力のどちらか，もしくはどちらも「1」のとき，出力が「1」となる。
- ［ 5 ］回路は，1つの入力と1つの出力を持ち，入力した信号を反転した値を出力する。つまり，入力が「1」のときは出力が「0」となり，入力が「0」のときは出力が「1」となる。

3 論理積（AND）

4 論理和（OR）

5 否定（NOT）

55 アルゴリズムの表現

INPUT

アルゴリズム

● **アルゴリズム**(algorithm) … **問題を解決するための手順や計算方法**のこと。アルゴリズムをコンピュータが実行できるように記述したものがプログラムである。

アルゴリズムの 3 つの基本制御構造

● アルゴリズムには，3 つの基本制御構造がある。

- **順次構造** … 記述された順に処理を進める構造。
- **選択構造** … 指定された条件に応じて，いくつかの処理の中から特定の処理を選択する構造。条件はYes (真(しん)，True)か No (偽(ぎ)，False)で答えられる形で定義する。
- **反復構造** … 一定の条件を満たしている間は同じ処理(**ループ**)を繰り返す構造。同じ処理を繰り返すかどうかは，毎回判定によって決定される。

フローチャート

● **アルゴリズムの流れをわかりやすく表現する方法**として**フローチャート**(**流れ図**)があり，下図にある記号を組み合わせて表現する。フローチャート以外にも，処理の流れを表現する**アクティビティ図**や，状態の移り変わりを表現する**状態遷移図**がある。

	端子(たんし)	フローチャートの開始・終了		判断	条件による作業の分岐(ぶんき)
	データ	データの入力・出力		ループ(開始)	ループの開始
	処理	演算などの作業の処理		ループ(終了)	ループの終了

● 3 つの基本制御構造をフローチャートで表現すると，以下のようになる。

▲ 順次構造

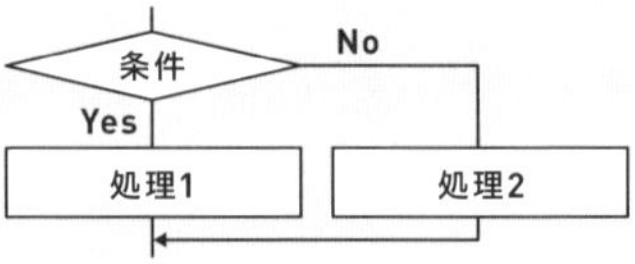

▲ 選択構造

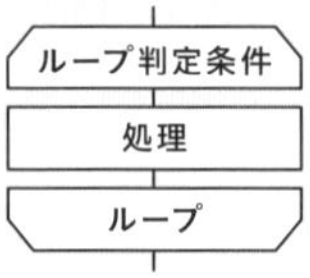

▲ 反復構造

ここが POINT !

● アルゴリズムとは何か。
● アルゴリズムの基本制御構造とはどのようなものか。
● フローチャートはどのようなものか。

OUTPUT

● 問題を解決するための計算や方法の手順のことを［ 1 ］という。プログラムでは，［ 1 ］がプログラミング言語で書かれており，コンピュータは大量のデータを効率よく，高速で処理することができる。

● ［ 1 ］には，3つの基本制御構造がある。

・［ 2 ］は，1つの処理が終了したら次の処理へ移るという作業手順である。書かれた順に処理を実行していく。

・［ 3 ］は，条件によって処理を選択して実行する作業手順である。条件は，「Yes」か「No」の2択で選べるように定義する。

・［ 4 ］は，一定の条件を満たしている間は同じ処理を繰り返す作業手順である。同じ処理を繰り返すことを［ 5 ］という。繰り返しを継続するかどうかは，毎回判定を行って決める。

● ［ 1 ］をわかりやすく図で表現する方法の一つに，決められた記号を組み合わせて一連の流れを図示する［ 6 ］がある。その他にも，システム全体や業務のフローなどを図示する［ 7 ］や，システムの状態の移り変わりを図示する［ 8 ］などがある。

1 アルゴリズム
2 順次構造
3 選択構造
4 反復構造
5 ループ
6 フローチャート
7 アクティビティ図
8 状態遷移図

56 プログラムの基本構造

INPUT

プログラミングの手順

●プログラムを作成することを**プログラミング**といい，以下のような工程で作成される。

①**設計**	・使用するプログラミング言語を決める。 ・アルゴリズムを設計して，必要に応じてフローチャートなどで表現する。
②**コーディング** (➡p.90)	・プログラミング言語でプログラムを作成する。ここで記述した文字列が**ソースコード**である。
③**テスト**	・実行して，動作が設計通りか確認する。 ・**誤り**(**バグ**：bug)を修正する。

プログラミング言語の種類

●プログラミング言語には，**低水準言語**と**高水準言語**がある。コンピュータに近いほど低水準，人間に近いほど高水準という分け方をしている。

・**低水準言語**…「0」と「1」のみの2進数で構成され，コンピュータが直接理解できる**機械語**や，機械語と文字列を1対1で結び付けた**アセンブリ言語**。

・**高水準言語**…アルファベットや数式で記述する言語。ソースコードを機械語に変換する作業(**コンパイル**)が必要となる。コンパイルを事前に行う**コンパイラ言語**(Java，Cなど)と，プログラムを1行ずつ変換しながら実行する**インタプリタ言語**(Python，JavaScriptなど)に分けられる。

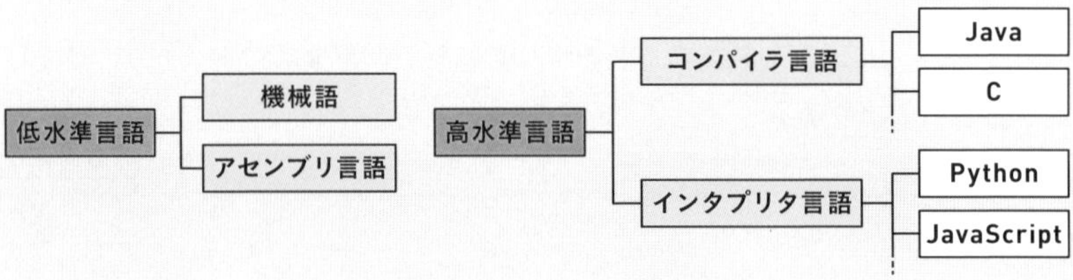

●プログラムには，記述方法により次のような分類もある。

・**手続き型**…実行する順番に命令を記述していく。

・**オブジェクト指向型**…必要なデータや実行する処理をまとめて記述していく。

・**関数型**…関数の合成と適用によってプログラムを組み立てる。

ここが POINT！

● プログラミングはどのような手順で行うのか。
● プログラミング言語にはどのような種類があるのか。

OUTPUT

●プログラムを作成することを［ 1 ］という。
［ 1 ］の工程を3つに分けると次のようになる。
［ 2 ］→［ 3 ］→［ 4 ］

●［ 2 ］では，プログラムを書く言語（［ 5 ］）を決めて，［ 6 ］を設計し，［ 7 ］などで実現したい処理の流れを可視化する。
［ 3 ］は，プログラムを実際に記述する作業のことを指す。記述した文字列を［ 8 ］という。
［ 4 ］では，記述したプログラムが設計通りに動作するか確認をする。また，プログラムの誤りを見つけて修正する。

●コンピュータが直接理解できる言語は，「0」と「1」の集まりである［ 9 ］である。［ 9 ］と文字列を1対1で結び付けた言語を［ 10 ］という。［ 9 ］と［ 10 ］をまとめて［ 11 ］という。

●［ 9 ］に対して，人間にとって理解しやすい言語や数式を用いて記述するのが［ 12 ］である。その場合は記述されたプログラムを［ 9 ］に変換（コンパイル）する作業が必要となる。事前に変換する［ 13 ］と，命令文を1行ずつ変換しながら実行する［ 14 ］がある。

●プログラムは，記述方法によっても分けられる。
［ 15 ］では，命令を実行する順に記述する。
［ 16 ］では，扱うデータとその処理をまとめて記述する。
［ 17 ］では，プログラムを関数の集まりとして記述する。

1 プログラミング
2 設計
3 コーディング
4 テスト
5 プログラミング言語
6 アルゴリズム
7 フローチャート
8 ソースコード
9 機械語
10 アセンブリ言語
11 低水準言語
12 高水準言語
13 コンパイラ言語
14 インタプリタ言語
15 手続き型
16 オブジェクト指向型
17 関数型

57 プログラミングの基本的手法

INPUT

変数

●**数値や文字などの値を入れる場所**を変数といい，値を入れる箱に例えられる。変数に値を入れることを代入という。変数を使うメリットとして，名前を付けてわかりやすくできること，複数箇所で使用する値を変数にすることで，修正の手間を簡略化できることなどがある。

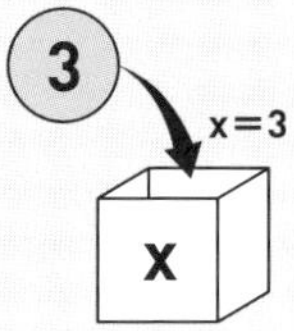

●多くのプログラミング言語では，変数にデータを入れるには記号「=」を使い，「変数名＝値」と書いて変数に値を代入する。

配列

●**複数の同じ型の変数を 1 つにまとめたもの**を配列という。値を入れる箱がいくつもつながっている状態に例えられる。下図で配列yの後ろに付く番号 0，1，2，… を添字(**インデックス**)といい，各データ“a”，“b”，“c” … を配列の要素という。

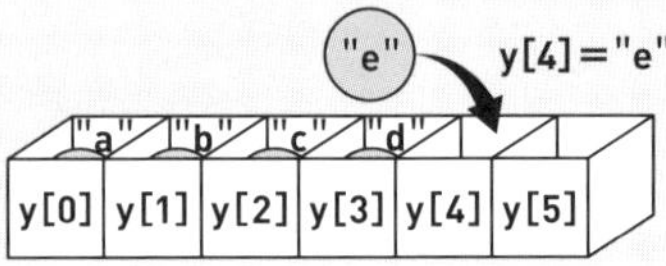

関数

●**受け取ったデータに対して決まった処理を行うプログラムのかたまり**を関数という。数学の関数$f(x)=2x$で例えると，$f(x)$はxに代入した値を 2 倍する関数である。プログラミングでは，同じような処理を行うことが多いため，**関数を使うことで，プログラムの作成や変更に伴う手間を省くことができる。**

●関数には，プログラムの作成者が独自に処理を定義できる**ユーザ定義関数**と，プログラミング言語によってあらかじめ用意されている**組み込み関数**がある。

●関数を処理する際に与えられる値を**引数**(ひきすう)という。引数を受け取った関数は決められた処理を行い，処理した結果を呼び出し元に返す。その返される値を**戻り値**(ち)という。$y=f(x)$で例えるとxが引数，yが戻り値である。現在時刻を返すなど引数のない関数や，画面表示のみ行うなどで，戻り値のない関数もある。

ここが POINT !

- **プログラムの変数とはどのようなものか。**
- **プログラムの配列とはどのようなものか。**
- **プログラムの関数とはどのようなものか。**

OUTPUT

● プログラムでは，計算結果を何度も繰り返し使えるように値を入れることのできる［ 1 ］という仕組みを使う。
［ 1 ］に文字列や数値を［ 2 ］すると，他の場所でも使うことができる。

1 変数
2 代入

● ［ 3 ］とは，複数の［ 1 ］を１つのまとまりとして扱える仕組みである。
［ 1 ］を，データを格納する箱に例えると，［ 3 ］は通し番号がつけられた箱がつながっている状態に例えることができる。プログラミングにおいては，それぞれの箱に入るデータのことを配列の［ 4 ］といい，箱につけられた通し番号を［ 5 ］という。

3 配列
4 要素
5 添字（インデックス）

● 与えられた値をもとに，目的を達成するための処理を行うプログラムのかたまりを［ 6 ］という。［ 6 ］を定義しておくと，プログラム内で同じ処理をする場所では，［ 6 ］を呼び出せばよいので，同じプログラムを何度も書く必要がなくなる。

6 関数

● ［ 6 ］には，あらかじめプログラミング言語によって定義されている［ 7 ］と，プログラム作成者がプログラムの中で新規に定義する［ 8 ］がある。

7 組み込み関数
8 ユーザ定義関数

● ［ 6 ］は，処理の対象となる値を受け取り，一連の処理を行う。関数が受け取る値のことを［ 9 ］という。また，処理した結果を呼び出し元に返すこともでき，その返される値を［ 10 ］という。

9 引数
10 戻り値

58 アルゴリズムの活用

INPUT

探索とソートのアルゴリズム

●配列などに格納された**データ列の中から目的のデータを探し出すこと**を探索という。探索の前に，データを昇順(小さい順)または降順(大きい順)に並べ替えることがあり，これをソート(**整列**)という。

線形探索

●**データ列の先頭から末尾まで順番に，目的のデータと一致するか比較して探し出す手法**を線形探索という。

●まず，先頭のデータと，目的のデータを比較する。一致しなければ2番目のデータと比較する。これを末尾のデータまで繰り返し，途中でデータを発見したらそこで探索を終了する，という方法である。

山田
田中
木下
鈴木
⋮

データを上から順に比較する。

二分探索

●ソート済みのデータ列の**探索範囲を半分に絞り込むことを繰り返すことで，高速に探索を行う手法**を二分探索という。

●まず，データを降順か昇順に並べ替え，目的のデータが**中央**のデータより大きいか小さいかを調べる。これにより，目的のデータが前半分，後半分のどちらにあるかを判定することができるため，存在しない側の半分は探索範囲から外すことができる。この操作を繰り返して探索範囲を絞り込んでいく方法である。

1	相沢	前半分
2	井口	
⋮	⋮	
20	田中	
⋮	⋮	後半分
39	和田	

五十音順に並べられた上の例で「鈴木さん」を探す場合，ちょうど中央が田中さんなので，探索範囲は前半分にまず絞られる。

●中央のデータが目的のデータに一致するか，探索範囲のデータ数が1つになる(求めるデータは見つからなかったことが確定する)と探索は終了する。

バブルソート

●**端から順番に隣り合うデータを比較し，並べたい順番と逆転していたら両者を入れ替えてソートする手法**をバブルソート(➡p.156)という。この操作を最高で(要素数－1)回繰り返すと並べ替えが完了する。

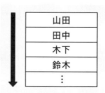

ここが POINT !

● 線形探索とはどのようなものか。
● 二分探索とはどのようなものか。
● バブルソートとはどのようなものか。

OUTPUT

●データの中から，目的のデータを探し出すことを［ 1 ］という。［ 1 ］にも，効率よく手順を踏んで行えるようなアルゴリズムが考案されている。

1 探索

●データをある値に基づいて並べ替えることを，［ 2 ］という。

2 ソート（整列）

●［ 3 ］は，データの先頭から末尾まで順番に1つずつ見ていく探索アルゴリズムである。目的のデータを見つけたら終了するという単純な仕組みのため，短いプログラムコードで記述ができるが，見つかるまで続けるために，比較処理の回数が増え，時間がかかる場合もある。

3 線形探索

●［ 4 ］は，整列してあるデータ群を半分に絞り込むことを繰り返して，目的のデータを探し出す手法である。［ 5 ］のデータと比べ，目的のデータが前と後のどちらの半分に含まれているかを調べる。この操作を繰り返して絞り込んでいく。

4 二分探索

5 中央

●データ群を値の大小などの順で並べ替える，［ 2 ］の基本的な手法に，［ 6 ］がある。［ 6 ］は，データの端から順に，隣接するデータで大きさを比較し，目的の並び順と逆転していたら，両者を［ 7 ］という操作を繰り返して並べ替えていく。

6 バブルソート

7 入れ替える

59 モデル化の利点とモデルの分類

INPUT

モデル化とシミュレーション

- **モデル**とは，実物を模して(＝真似て)形にしたもの，または模型という意味である。例えば天気の変化など，世の中で起こる事象や現象をそのまま扱ったり，目に見えないものを他者と共有したりすることは難しい。そのようなとき，物事の構造や仕組み，関係性などを**単純化**して表すことで扱いやすくなることがある。これを**モデル化**という。
- 実際に試すことが困難な場合，対象としている問題(現象)を模型やコンピュータ上にモデル化することで，実験・検証が可能となり，問題を再現することができる。このことを**シミュレーション**という。

モデルの分類

- モデルは表現方法によって次のように分類できる。
  - **物理モデル**…対象を物理的に，模型などで疑似的に表現したもの。大きさによって実物モデル，拡大モデル，縮小モデルなどがある。
  - **図的モデル**…情報や人，物の流れ，状態の変化や要素間の関連を図で表現したもの。路線図，ブロック線図，フローチャート，状態遷移図などがある。
  - **数式モデル**…現実に起こる事柄を数式で表現したもの。これを利用するとコンピュータでシミュレーションを行える。速度と道のりの関係の式などがある。

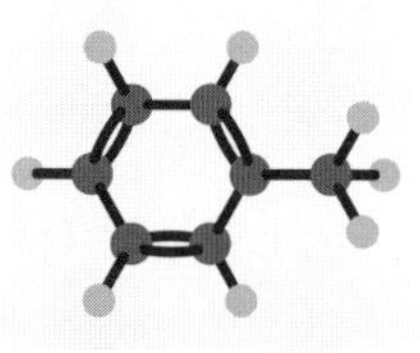

▲物理モデル(分子の模型)

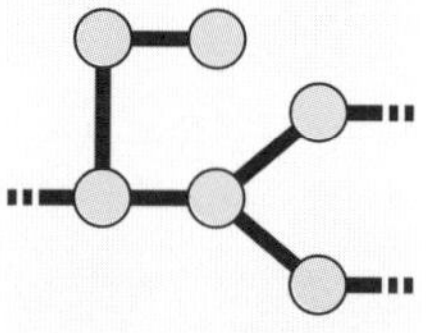

▲図的モデル(路線図)

- モデルを時間的な概念の有無によって分類すると次のようになる。
  - **動的モデル**…時間経過とともに変化する現象を扱ったモデル。
  - **静的モデル**…時間経過を考える必要のない現象を扱ったモデル。
- モデルを不確定な要素の有無によって分類すると次のようになる。
  - **確定モデル**…確率的な事象を含まない現象を扱ったモデル。
  - **確率モデル**…確率的な事象を含む現象を扱ったモデル。

ここが POINT !

- モデル化はどのような目的でどのように行うのか。
- シミュレーションとはどのようなものか。
- モデルはどのような観点でどのように分類できるのか。

OUTPUT

● 実物を真似て形にしたものを［ 1 ］という。［ 1 ］は，本物ではないがその特徴や本質をとらえ，［ 2 ］して表現される。世の中に起こる事象や物事の構造などを対象として，それを理解し正しくとらえるために特徴をおさえて［ 2 ］し，表現することを［ 3 ］という。

● 実際の問題を解決するために，その問題を［ 3 ］して，模擬的に再現することを［ 4 ］という。一度しかできないこと，費用や時間がかかること，危険が伴うことなどは，コンピュータ上で［ 4 ］を行うとよい。結果を分析することで，問題解決のヒントを得られたり，より深い議論ができたりする。

● ［ 1 ］は，その表現方法によって3つに，時間的な概念の有無と不確定な要素の有無によって，それぞれ2つずつに分類できる。

・表現方法による分類

［ 5 ］	対象を模型などで擬似的に表現する。
［ 6 ］	対象の構造を図で表現する。
［ 7 ］	現実の事象を数式で表現する。

・時間的な概念の有無による分類

［ 8 ］	時間経過とともに変化する現象を扱ったモデル。
［ 9 ］	時間の変化の影響を受けない現象を扱ったモデル。

・不確定な要素の有無による分類

［ 10 ］	確率的な事象を含まない現象を扱ったモデル。
［ 11 ］	確率的な事象を含む現象を扱ったモデル。

1 モデル
2 単純化
3 モデル化
4 シミュレーション
5 物理モデル
6 図的モデル
7 数式モデル
8 動的モデル
9 静的モデル
10 確定モデル
11 確率モデル

60 シミュレーションの活用

INPUT

シミュレーションの設定

- シミュレーションを行うときは，**モデルをさまざまな環境，条件で再現して，そのふるまいを観察する。**例えば自然災害など，実物では再現できない状況において対象がどのようにふるまうのかを調べ，将来起こりうる状況を予測することも可能である。モデルには，操作可能な要素(**パラメータ**)が含まれている。コンピュータによるシミュレーションでは，パラメータの設定を変えてその結果を繰り返し調査する手法をとることが多い。

モデル化とシミュレーションにおける注意

- 正確なシミュレーション結果を得るためには，**シミュレーションの目的を明確にし，必要な要素を取り出してモデル化することが重要**である。
- 取り出す要素や関係性によって，モデルの表現方法が多数存在するため，最適なものを選ぶ。また，**選んだ要素によっては問題解決に至らない場合もある**ことに注意する。
- 問題解決のために信頼性のあるシミュレーション結果が得られるのか，モデルの検討と修正を必要に応じて行う。

プログラムによるシミュレーション

- プログラムによるシミュレーションに使うモデルは，**確率モデル**と**確定モデル**に分けられる。
- **確率モデル**において乱数を使用する手法を，**モンテカルロ法**という。シミュレーション対象に含まれるランダムに発生する事象に対して乱数を適用することで，その現象を再現する手法である。
- **乱数**は，サイコロの出目のように，**ランダムに与えられる数**である。シミュレーション対象のランダム性を再現するのに最もふさわしい確率分布，例えば正規分布などに従う必要がある。
- **確定モデル**とは，確率的な事象を含まず，数式などを用いて表現することができるモデルである。

ここがPOINT!

● モデル化とシミュレーションの際は，どのような点に注意すればよいか。
● プログラムによるシミュレーションのモデルはどのように分類されるか。

OUTPUT

●コンピュータ上での［ 1 ］では，モデルをさまざまな［ 2 ］にあてはめて，実験することが可能である。特に，現実社会では実験することができない対象について，どのような挙動をするかを予測し検討するのに適している。

●モデルには，操作可能な［ 3 ］があり，コンピュータでは［ 3 ］の設定を変えて，［ 2 ］の異なる［ 1 ］を行う。

●作成されるモデルは，作成者の経験や知識によって異なる。［ 1 ］で出力される結果の正確性は，作成したモデルによって変わるため，［ 4 ］するときは，理解したい現象や［ 4 ］の目的を明確にした上で，仮定を十分に検討し，［ 3 ］を選択する必要がある。
［ 1 ］の際も，明らかにしたいことを明確にする必要がある。求めている出力が期待できるモデルは何かを十分に検討し，モデルを選ぶ。また，［ 3 ］を多く使うことは，モデルを複雑で大規模なものにしてしまい，実用性の低下につながる可能性がある。そのため，必要な精度との兼ね合いを考慮しながら［ 3 ］を見極めることも大切である。

●プログラムによる［ 1 ］に使われるモデルは，大きく２つに分けられる。［ 1 ］を行う際にランダムな事象を含む現象を再現する場合は，［ 5 ］モデルとなる。確率的な事象を含まず，数式などを用いて現象を表現することができる場合は，［ 6 ］モデルとなり，設定された要素に対して１通りの解が求められる。［ 5 ］モデルを使う［ 1 ］で，乱数を与えて再現する手法を［ 7 ］法という。

［1］シミュレーション
［2］条件
［3］要素（パラメータ）
［4］モデル化
［5］確率
［6］確定
［7］モンテカルロ

1 正誤チェック問題

❶ 情報社会に関連する法律や取り組み

情報社会に関連する法律や取り組みについて書かれた以下の文章について，【適切なもの】をすべて選びなさい。

① 不正アクセス禁止法では，他人のログインIDや，パスワードを勝手に第三者に伝えることを禁止している。

② 個人情報保護法は，個人情報を収集してはならないことを定めている。

③ 著作物の許諾の意思を示すために，CCライセンスを利用することができる。

④ 特定商取引法は，店舗を持たない販売形態に対してのルールであり，インターネットを利用した通信販売は対象でない。

解答 ①，③

解説 ➡ p.6, 8, 14

情報の管理・保護やセキュリティに関する法律，またその取り組みについての知識問題である。

①正しい。不正アクセス禁止法は，IDやパスワードの不正使用，その他の攻撃により，アクセス権限のないコンピュータへのアクセスを禁止する法律。**他人のログインIDやパスワードを勝手に第三者に伝えることを禁じている。**

②誤り。個人情報保護法は，**個人情報の収集行為自体を禁じているものではない。**この法律では，個人情報取扱事業者は，適切な目的で収集した個人情報を他の用途に使用したり，本人の同意なしに第三者へ受け渡したりすることを禁じている。この法律により，個人情報の流出や無断転売を防ぐなど，個人情報の保護について積極的に取り組むことが促進されている。

③正しい。CC（クリエイティブ・コモンズ）ライセンスは，著作者が自らの著作物の利用範囲に関する意思を表示するためのマークである。クリエイティブ・コモンズという組織により提唱され，改変や営利目的での利用許可などを示すことができる。

④誤り。特定商取引法は，通信販売業や訪問販売など消費者トラブルを生じやすい取引類型を対象に，事業者が守るべきルールと，クーリング・オフなどの消費者を守るルールを定めた法律である。インターネットを利用した通信販売も対象に含まれている。

❷ スマートフォンに関する産業財産権

スマートフォンに関する産業財産権について，空欄［ア］～［オ］に当てはまる【適切な語句】を，解答群からそれぞれ選びなさい。

(1) スマートフォンに内蔵されたリチウムイオン電池〔A〕は，長寿命かつ小型軽量化した高度な発明である。これは［ア］として保護の対象となる。

(2) マーク〔B〕は，製造業者などが，自社製品であることや信用保持のために製品や包装に表示するマークである。これは［イ］として保護の対象となる。

(3) スマートフォンの形状や模様，色彩に関するデザイン〔C〕は，［ウ］として，出願から［エ］は保護の対象となるが，それ以降の保護の更新はできない。

(4) 収容したままでも受信感度が低下しないようなアンテナの構造に関する考案〔D〕は，実用新案権として出願から［オ］は保護の対象となるが，それ以降の保護の更新はできない。

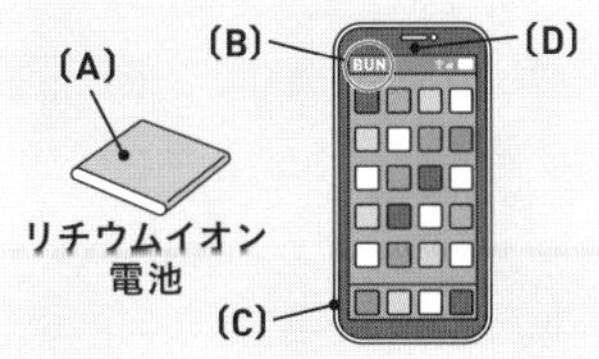

［ア～ウの解答群］ ① 商標権　② 特許権　③ 意匠権　④ 公衆送信権

［エ，オの解答群］ ① 10年　② 25年　③ 30年　④ 50年　⑤ 70年

解答 ア：②　イ：①　ウ：③　エ：②　オ：①

解説 ➡ p.12

産業財産権（特許権，実用新案権，意匠権，商標権）に関する知識問題である。

(1)特許権は，ものまたは方法の技術面のアイデアのうち高度なもので，発明といえるものを保護の対象とする。〔A〕のリチウムイオン電池は，長寿命かつ小型軽量化したものであり，技術的思想の創作のうち**高度な発明**として，権利の保護の対象となる。

(2)商標権は，商品やサービスについて自他の識別力を持つ文字，図形，記号，立体的形状などのロゴマークなど，**標識を独占的に使用できる権利**である。〔B〕はメーカーが製品に表示するマークであり，解答は商標権となる。

(3)意匠権は，物品の形状，模様，色彩など，**ものの外観としてのデザインを独占的に使用できる権利**であり，解答は意匠権となる。また，意匠権の保護期間は，**出願から最長25年**である。

(4)実用新案権は，物品の形状，構造などの**技術面のアイデア（考案）を独占的に使用できる権利**であり，保護期間は**出願から最長10年**で，更新はできない。

❸ 著作物を引用するときの条件

他者の著作物は，引用という形をとれば無許可で利用することができるが，一定の条件が必要である。引用に関する以下の記述の中で【適切なもの】をすべて選びなさい。

① 高校や大学の課題レポートであれば，出典の記述を省略してもよい。
② 引用部分が明らかに区別できるよう記述する。
③ 参照する範囲が出典元の１％以内であれば，引用として扱わなくてよい。
④ 引用は，本文の論旨に関連し，引用する必然性がなければならない。
⑤ すでに公表されている著作物であれば，有名無名に問わず引用となる。

解答 ②，④，⑤

解説 ➡ p.14

著作物の引用に関する知識問題である。
著作権は，著作者の許可しないところで著作物が勝手に使用・改変・複製されないよう，著作者に与えられている権利である。レポートやWebページの作成の際に引用・利用する資料の多くは，誰かが著作権を持っていることに注意する必要がある。
他者の著作物は，引用という形をとれば無許可で利用することができる(著作権法第32条)が，一定の条件を満たす必要がある。**引用とは，報道・批評・研究などの目的で他者の著作物を部分的に参照すること**である。例えば，レポート中で他の文献を部分的に参照する場合などがこれにあたる。文化庁によれば，適切な引用と認められるためには，以下の要件が必要とされる。

- **出典と著作者名を明記**する
- **本文と引用部分が明らかに区別**できる
- 著作物を**引用する必然性**がある
- 引用の**範囲に必然性**がある
- **質的・量的に，引用先が主であり，引用される部分が従**である
- **引用元が公表**された著作物である
- 改変していない

①誤り。高校や大学の課題レポートであっても，出典の明記が必要である。
③誤り。引用の適切性は，参照する範囲の割合ではなく，内容の必要性や出典の明記，著作権法に基づく要件に依存する。
②，④，⑤正しい。それぞれ，引用を行う際の基本的な要件を満たしている。

❹ コミュニケーションの同期性

以下の記述のうち，同期型コミュニケーションに分類されるものとして，【適切なもの】をすべて選びなさい。

① ビデオ通話を利用してオンライン授業を行う。
② 学校のWebサイトに授業の課題を掲載し，共有する。
③ 授業のレポートを電子メールで提出する。
④ 学校行事に関するお知らせを新聞広告に掲載する。

解答 ①

解説 → p.22

コミュニケーションの同期性についての知識問題である。

この区別を理解することは，特にデジタルコミュニケーションが日常生活や学校生活において重要な役割を果たす現代において，基本的なスキルといえる。

同期性で分類されるコミュニケーションには，**相手の反応をすぐに確認できる「同期型コミュニケーション」**(例：電話，ビデオ通話)と，**相手の反応が確認できない「非同期型コミュニケーション」**(例：電子メール，Webページ)がある。

①ビデオ通話は同期型コミュニケーションである。オンライン授業では，教師と生徒がリアルタイムでコミュニケーションを取り，質問や回答を即座に交換することができる。

②Webサイトは非同期型コミュニケーションである。Webサイトに掲載された課題は，生徒が任意の時間にアクセスして確認することができる。

③電子メールは非同期型コミュニケーションである。生徒がレポートをメールで送信したあとに，教師はそれを確認し，評価することができる。

④新聞広告は非同期型コミュニケーションである。新聞広告は情報を一方的に伝達する手段であり，読者はそれを任意の時間に読むことができる。

コミュニケーションの分類としては，同期性の他に，以下のような分類がある。

・発信者と受信者の人数による分類
　1対1（個別型），1対多(マスコミ型)，
　多対1（逆マスコミ型)，多対多(会議型)
・発信者と受信者の位置関係による分類
　直接コミュニケーション，間接コミュニケーション

❺ 電子メールの送信先

Aさんが，Kさん，Eさん，およびOさんの3人に電子メールを送信した。Toの欄にはKさんのメールアドレスを，CCの欄にはEさんのメールアドレスを，BCCの欄にはOさんのメールアドレスをそれぞれ指定した。電子メールを受け取った3人に関する記述として，【正しいもの】をすべて選びなさい。

差出人	:Aさんのメールアドレス
To	:Kさんのメールアドレス
Cc	:Eさんのメールアドレス
Bcc	:Oさんのメールアドレス
件名	:●●●●●

① Kさんと Eさんは，同じ内容のメールがOさんにも送信されていることを知ることができる。
② Kさんは，同じ内容のメールがEさんに送信されていることを知ることはできない。
③ Eさんは，同じ内容のメールがKさんにも送信されていることを知ることができる。
④ Oさんは，同じ内容のメールがKさんとEさんに送信されていることを知ることはできない。

解答 ③

解説 ➡p.26

電子メールの送受信に関する知識問題である。

Toの欄にはメールの主な受信者，CCやBCCの欄にはメールのコピー(写し)を受け取るべき受信者のアドレスを入力する。**BCCを使用すると，他の受信者にBCCの欄に入れたアドレスを知らせることなくメールを送ることができる。**

①誤り。KさんとEさんのメールには，BCCの欄のOさんのアドレスが表示されない。
②誤り。Kさんのメールには，CCの欄のEさんのアドレスも表示される。
③正しい。KさんとEさんには，Toの欄にKさんのアドレス，CCの欄にEさんのアドレスが入った状態の，同じ内容のメールが送られる。
④誤り。Oさんのメールには，Toの欄のKさん，CCの欄のEさん，BCCの欄のOさん(自分)のアドレスが表示される。

❻ ユニバーサルデザインの考え方

ユニバーサルデザインの考え方として，【正しいもの】をすべて選びなさい。

① 一度設計したら，長期間にわたって変更しないで使えるようにする。

② 世界中どの国で製造しても，同じ性能や品質の製品ができるようにする。

③ なるべく単純に設計し，製造コストを減らすようにする。

④ 年齢，文化，能力の違いや障がいの有無によらず，多くの人が利用できるようにする。

解答 ④

解説 ➡ p.30

ユニバーサルデザインについての知識問題である。

ユニバーサルデザインとは，年齢，性別，文化の違い，障がいの有無などによらず，誰にとってもわかりやすく，使いやすい設計のことである。

①〜③誤り。これらはユニバーサルデザインの目的ではない。

④正しい。「年齢，文化，能力の違いや障がいの有無によらず，多くの人が利用できるようにする」は，ユニバーサルデザインの考え方である。

❼ 画像のファイル形式と圧縮

画像のファイル形式に関する記述として，【正しいもの】をすべて選びなさい。

① GIF形式は，画像を無圧縮で保存するため，ファイルサイズが大きくなりがちだが，画質の劣化がないため，画像の編集に適している。

② JPEG形式は，約1678万色を扱うことができ，カラー写真などのように，小さな差異であればその情報を捨てても視覚的に問題とならない画像を圧縮したいときに適している。

③ BMP形式は，256色までの色しか扱えないため，シンプルなアニメーションやロゴなど，色数が限られた画像に適している。

④ PNG形式は，GIF方式より多くの色数に対応しており，特に透明な背景が必要な画像や，細かい部分までくっきりとした画像を保持したいときに適している。

解答 ②，④

解説 ➡ p.38, 58

圧縮を用いた画像のファイル形式についての知識問題である。

圧縮とは，一定のルールのもとデータ量を小さくする処理のことである。

①誤り。説明に当てはまるものに，BMP形式（無圧縮）がある。

②正しい。JPEG形式は非可逆圧縮である。

③誤り。説明に当てはまるものに，GIF形式（可逆圧縮）がある。

④正しい。PNG形式はGIF形式よりも多くの色数，24ビットまたは48ビットカラーに対応しており，可逆圧縮である。

❽ 2進法と10進法の計算

次の問題文に対応する解答として【正しいもの】を，解答群からそれぞれ選びなさい。

1 2進法で表された数「100101」を10進法で表しなさい。［ア］

2 10進法で表された数「58」を2進法で表しなさい。［イ］

［アの解答群］ ① 17　② 27　③ 37　④ 47

［イの解答群］ ① 100100　② 101010　③ 111010　④ 111110

解答 ア：③　イ：③

解説 ➡ p.42

私たちが日常で用いる数値の多くは10進法で表されており，「0」から「9」までの10種類の数字を使用している。これに対して，**コンピュータでは，「0」と「1」だけを用いる2進法で表現**されている。

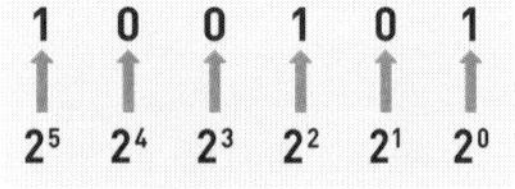

1 $100101 = 1 \times 2^5 + 0 \times 2^4 + 0 \times 2^3 + 1 \times 2^2 + 0 \times 2^1 + 1 \times 2^0 = 37$

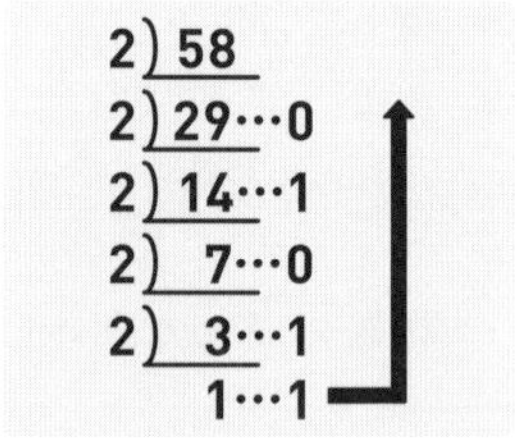

2 10進法で表された数を2進法で表すには，10進法で表された数を2で割っていき，商と余りを下から上へ並べることで求めることができる。

よって右の結果から，10進法で表された数「58」を2進法で表した場合，「111010」となる。

❾ 音のデジタル化の手順とデータ量の計算

空欄 ア ～ オ に当てはまる【適切な語句】を，解答群からそれぞれ選びなさい。

音のデジタル化（A/D 変換）は，コンピュータ内で以下のように行われる。電気に変換した音の波形を一定の時間間隔で区切り，それぞれの区間での波の高さ（電圧の大きさ）を取り出す。これを ア という。1 秒間をいくつに分割したかを表す値を イ と呼ぶ。取り出した電圧の大きさに，あらかじめ定められた段階値を割り当てる ウ を行う。この数値をさらに 2 進法で表現することを エ という。上記の点を踏まえ，5 分間の音楽を イ 16 kHz，量子化ビット数 8，モノラル（1 チャンネル（ch））で記録したときのデータ量は オ となる。ただし，1 KB＝1000 B，1 MB＝1000 KB とする。

［ア～エの解答群］ ① 符号化　② 標本化　③ 量子化　④ 標本化周波数　⑤ 量子化ビット数

［オの解答群］ ① 640 KB　② 4.8 MB　③ 6.4 MB　④ 8 MB　⑤ 80 MB

解答 ア：②　イ：④　ウ：③　エ：①　オ：②

解説 ➡ p.50

アナログ情報である音を，コンピュータやデジタル機器で扱う際にどのようにデジタル情報へと変換するか，その仕組みや用語に関する問題である。

音をデジタル化するには，まず，電気に変換した音の波形を一定の時間間隔で区切り，それぞれの区間における電圧の大きさを取り出す。このことを**標本化**という。1 秒間をいくつの区間に区切っているかを表す数のことを**標本化周波数**という。次に，標本化によって取り出した電圧の大きさに，あらかじめ定められた段階値を割り当てる。このことを**量子化**という。最後に，量子化された数値を 0，1 の 2 進法，すなわちデジタル情報として表現する。このことを**符号化**という。

音のデータ量[bit]を計算するには，次の計算式で行う。

標本化周波数[Hz]×量子化ビット数[bit]×チャンネル数[ch]×秒数[秒]

標本化周波数 16 kHz は 16000 Hz であり，1 秒間に 16000 回サンプリングを行うことを表す。よって，5 分間（＝300 秒）の音楽のデータ量は，

$$\frac{16000[\text{Hz}]\times 8[\text{bit}]\times 1[\text{ch}]\times 300[\text{秒}]}{8\times 1000\times 1000}=4.8\ [\text{MB}]$$

8 bit＝1 B

bit→B→KB→MB への変換

以上から，オは②「4.8 MB」となる。

⑩ 解像度とデータ量の計算

以下の文章を読んで，【正しいもの】を解答群からそれぞれ選びなさい。

1 横1280ピクセル，縦960ピクセルの画像を解像度80 dpiで印刷すると，そのサイズは横何インチ，縦何インチとなるか。 ア

2 横800ピクセル，縦600ピクセル，RGB各色256階調のラスタ画像ファイルのデータ量は何KBになるか。なお，圧縮は行われず，1 KB＝1000 Bとする。 イ

[アの解答群] ① 横8インチと縦6インチ ② 横12インチと縦8インチ ③ 横16インチと縦12インチ ④ 横24インチと縦16インチ

[イの解答群] ① 480 KB ② 1440 KB ③ 2440 KB ④ 3440 KB

解答 ア：③ イ：②

解説 ➡ p.52, 56

画像のデジタル化についての解像度やデータ量に関する計算問題である。

1 ピクセル(画素)とは，コンピュータで画像を扱うときの，色情報(色調や階調)を持つ最小単位のことである。**ディスプレイの解像度は，横×縦の総画素数**で表現する。その一方で**プリンタやスキャナの解像度は，1インチ(2.54 cm)の中に入る画素数**で表現し，**dpi (dots per inch)**や**ppi (pixels per inch)**という単位を用いる。

例えば，1280×960ピクセルの画像は，横1280個，縦960個の点を並べて表現されていることを示す。

本問では，解像度80 dpi，つまり1インチあたり80個の点を並べて印刷することになるので，計算式は以下の通りとなる。

$$\frac{1280[\text{ピクセル}]}{80\ [\text{dpi}]} \times \frac{960[\text{ピクセル}]}{80\ [\text{dpi}]} = 16\ [\text{インチ}] \times 12\ [\text{インチ}]$$

よって，アは③「横16インチと縦12インチ」となる。

2 RGB各色256階調であるから，1ピクセルあたり8ビット×3色＝24ビット必要である。画像のデータ量[bit]を計算するには，次の計算式で行う。

1ピクセルあたりのデータ量[bit]×解像度

よって，

$$\frac{24\ [\text{bit}] \times 800 \times 600}{8 \times 1000} = 1440\ [\text{KB}]$$

8 bit＝1 B

bit→B→KBへの変換

以上から，イは②「1440 KB」となる。

⓫ カラー画像・動画の色数やデータ量の計算

以下の文章を読んで，【正しいもの】を解答群からそれぞれ選びなさい。

[1] コンピュータを用いて，RGB 各 4 ビットでカラーを表示する場合，表示できる色数は，最大で何色になるか。 [ア]

[2] 1 フレームの解像度 400×300 画素の動画 1 分間のデータ量は，400 万画素で撮影した写真の何枚分のデータ量に相当するか。なお，動画と写真はいずれも 24 ビットフルカラーで表現されており，圧縮は行われない。動画は 30 fps で記録し，音声を含まないデータとする。また，1 KB＝1000 B，1 MB＝1000 KB とする。

[イ]

[アの解答群] ① 256色 ② 4096色 ③ 65536色 ④ 1678万色

[イの解答群] ① 16枚 ② 32枚 ③ 54枚 ④ 100枚

解答 ア：② イ：③

解説 ➡ p.54, 56

デジタル画像の色数や動画のデータ量についての計算問題である。

[1] **1 ビットでは 2 色を表現**できる。RGB 各 4 ビットなので，それぞれ 2^4＝16色表示できる。

よって，

$$16 \times 16 \times 16 = 4096 \text{ [色]}$$

表示することができる。

[2] 動画のデータ量を計算するには，次の計算式で行う。

画像のデータ量×1秒間あたりのフレーム数[fps]×時間[秒]

1 フレームの解像度400×300画素の動画 1 分間のデータ量は，

$$24 \text{ [bit]} \times 400 \times 300 \text{ [画素]} \times 30 \text{ [fps]} \times 60 \text{ [秒]}$$

400万画素で撮影した写真のデータ量は，

$$24 \text{ [bit]} \times 4000000 \text{ [画素]}$$

よって，

$$\frac{24 \times 400 \times 300 \times 30 \times 60}{24 \times 4000000} = 54 \text{ [枚]}$$

となる。つまり，400万画素で撮影した写真の「54枚」分のデータ量に相当する。

⑫ IPアドレス

IPアドレスに関する以下の説明の中から，【正しいもの】をすべて選びなさい。

① IPv4アドレスは，32ビットを8ビットずつピリオドで区切って表記する。
② IPv4アドレス「192.168.0.0～192.168.255.255」は，プライベートIPアドレスであり，IPアドレスの管理機関への申請なしに自由に使用することができる。
③ グローバルIPアドレスは，インターネット上でデバイスを一意に識別するために使用され，同じアドレスが違うユーザに割り当てられないよう管理されている。
④ IPv6アドレスは，128ビットを8ビットずつ16個のブロックに分けて，それぞれを16進法で表記する。
⑤ IPv6のアドレスは，「2001:0db8:0000:0000:0000:0000:0000:00ff」のように「:」を用いて表記するのが正しい。

解答 ①，②，③，⑤

解説 ➡p.66

IPアドレスについての知識問題である。

①正しい。IPv4アドレスは，例えば，「192.168.1.1」のように表記される。

②正しい。IPv4アドレス「192.168.0.0～192.168.255.255」は，プライベートIPアドレス範囲に属する。この範囲のIPアドレスは**インターネット上で一意である必要がなく，ローカルネットワーク内で自由に使用することができる。**

③正しい。**グローバルIPアドレスは，インターネット上でデバイス(コンピュータに接続する周辺機器)を一意に識別するために使用**され，同じアドレスが違うユーザに割り当てられないように，IPアドレスの管理機関によって厳密に管理されている。

④「8ビットずつ16個のブロックに分けて」が誤り。IPv6は128ビットで構成されているが，このアドレスを表記する際には，8ビットずつではなく，**16ビットずつ8個のブロックに分けてそれぞれを16進法で表記**する。

⑤正しい。IPv6のアドレスのブロック間はコロン(:)で区切られる。その他，次のような表記の簡略化が許可されている。

- 先頭の0は省略可能。 例「0db8」→「db8」
- 連続する0のブロックは2重コロン(::)で置き換えて省略可能。ただし，この省略はアドレス内で一度だけ使用可能。
  例「2001:0db8:0000:0000:0000:0000:0000:00ff」→「2001:db8::ff」

⑬ Webページ

インターネットでURLが“https://www.example.com/abc.html”のWebページにアクセスするとき，このURLの中の「www」は何を表しているか，【正しいもの】をすべて選びなさい。

① 「example.com」がWebサービスであるということ。
② アクセスを要求するWebページのファイル名。
③ 通信プロトコルとしてHTTP，またはHTTPSを指定できること。
④ ドメイン名「www.example.com」が属するコンピュータなどのサーバ名。

解答 ④

解説 ➡p.68

Webページに関する仕組みについての知識問題である。
URL (Uniform Resource Locator)は，インターネット上のリソースを特定するためのアドレスである。URLは複数の部分から構成されており，それぞれが特定の情報を表している。例えば，問題のURLを整理すると，次のようになる。

スキーム名	サーバ名	ドメイン名	ファイル名
https	www	www.example.com	abc.html

・スキーム名(スキーム，プロトコル名)：このURLで使用されている通信プロトコルを指定する。HTTPは，Webページを転送するためのプロトコル。**HTTPSはHTTPにセキュリティ機能を加えたもの**である。
・サーバ名(ホスト名)：ドメイン内のコンピュータにつけられる名前のこと。**WWW(World Wide Web)は，Webサーバ上にサイトが置かれていることを意味**しており，それ以外にもFTPサーバを意味するftpやメールサーバを意味するmailなど，用途に応じた名前が使われることがある。
・ドメイン名：インターネット上のリソースが所属するドメインを指し，そのリソースがどこにあるかを示すアドレスの一部。
・ファイル名：アクセスを要求するWebページのファイル名である。この部分は，サーバ上の特定のファイルやリソースを指す。

以上から，①～③は誤り。④が正しい。

⑭ 転送速度・誤り検出

以下の文章を読んで，【正しいもの】を解答群からそれぞれ選びなさい。

1 4 Mbpsの通信速度で，1000 KBのデータ量を転送するのにかかる時間は何秒か。ただし，転送効率は回線の混雑などの影響で通信速度の64％であったとし，1 KB＝1000 Bとする。また，答えは小数第2位を四捨五入すること。［ア］

2 7ビットのデータに，1ビットのパリティビットを加えて送信する場合，偶数パリティで送信側からデータ送信したら，受信データは11010101となった。このとき，1ビットの誤り検出によって誤りがあったといえるか。［イ］

[アの解答群] ① 約0.63秒 ② 約2.0秒 ③ 約3.1秒 ④ 約6.3秒

[イの解答群] ① いえる ② いえない

解答 ア：③ イ：①

解説 ➡ p.72, 86

通信速度や誤り検出に関する計算問題である。

1 まずは単位をそろえ，次に転送時間を求める，という流れで計算するとよい。

データ量は， 1000 [KB] ＝ 1000 × 1000 × 8 [bit]

一方，転送速度は， 1 [Mbps] ＝ 1000 [kbps]，1 [kbps] ＝ 1000 [bps]だから，

4 [Mbps] ＝ 4 × 1000 × 1000 [bps]

転送時間[秒] ＝ データ量[bit] ÷ 転送速度[bps]より，

$$\frac{1000 \times 1000 \times 8}{4 \times 1000 \times 1000 \times 0.64} = 3.125\ [\text{秒}] \fallingdotseq 3.1\ [\text{秒}]$$

転送効率が64％

よって，アは③「約3.1秒」となる。

2 この誤り検出方法は「パリティチェック」と呼ばれる。1ビットの誤りを検出することができるが，2ビット以上の誤りは検出できない。

偶数パリティでは，データビットとパリティビットを合わせて，1のビットの総数が偶数になるようにする。つまり，データビット中の1の数が偶数であれば，パリティビットは0になり，1の数が奇数であれば，パリティビットは1になり，合計で偶数になる。

本問の受信データ「11010101」の1の数を数えると，1が5個ある。1の数が奇数になっているため，偶数パリティの条件を満たしていない。

したがって，データ転送中に誤りが発生したといえる。

⑮ サイバー犯罪

以下の説明を読んで，【正しいもの】をすべて選びなさい。

① 金融機関やクレジットカード会社など，有名企業・団体を装って詐欺（さぎ）や悪事を働くために利用されるメールのことを「なりすましメール」と呼称する。

② 金融機関やクレジットカード会社をかたるなりすましメールの被害は多いが，行政機関をかたるものに関しては日本インターネットプロバイダー協会（JAIPA）によって，技術的にメール送受信が不可のフィルタリング策が講じられている。

③ キーロガーを用いた情報窃取（せっしゅ）とは，メール文面などに記載されたURLをユーザがクリックして誘導された先で，ユーザの端末にキーロガーをインストールし，情報窃取を試みる詐欺手法のことである。

④ ワンクリック詐欺とは，無作為に送り付けられたメールをユーザがうっかりクリックしてしまうと，その誘導先のWebサイト上で不当な料金を請求されてしまうような詐欺手法のことである。

⑤ Google Chrome，Microsoft Edgeなどには，ユーザがフィッシングサイトにアクセスしようとする際にアクセスを遮断する機能がある。

解答 ①，③，④，⑤

解説 ➡ p.78

サイバー犯罪の一つである，なりすましや詐欺メールに関する知識問題である。

①正しい。これはフィッシング詐欺の一形態である。

②「行政機関をかたるものに関しては日本インターネットプロバイダー協会（JAIPA）によって，技術的にメール送受信が不可のフィルタリング策が講じられている」が誤り。JAIPAなどの組織はフィッシング対策などを行っているが，フィッシング詐欺は多岐（たき）にわたり，特定の組織だけを完全にブロックすることは技術的に困難である。

③正しい。ユーザがメールなどに記載された悪意のあるURLをクリックし，その先のサイトでキーロガーがインストールされることにより，入力した内容を記録して情報を盗み出す詐欺である。

④正しい。ワンクリック詐欺は，ユーザがメールなどで送られてきたリンクをクリックするだけで，不当な料金を請求される詐欺である。

⑤正しい。主要なウェブブラウザには，フィッシングサイトやマルウェアが仕込まれたサイトへのアクセスをブロックする機能が備わっている。

⑯ 問題解決の手法

問題解決に用いられる手法に関する記述として，【正しいもの】をすべて選びなさい。

① ブレーンストーミングは，複数の人が一つのテーブルを囲み，たくさんのアイデアを出してから，解決策を最終的に一つに絞る問題解決の手法である。

② コンセプトマップは，たくさん出されたアイデアを整理し，関係性を定義することによって問題点を明確化する場合に用いる手法である。

③ KJ法は，問題解決の道筋をキーワードにして表現し，その関係性を視覚的にまとめる手法である。

④ テキストマイニングは，定型化されていないテキストに対して，単語の出現頻度や相関を分析し，有用な知識を引き出す手法である。

解答 ④

解説 ➡ p.88

問題解決に用いられる手法に関する知識問題である。

①「解決策を最終的に一つに絞る」が誤り。**ブレーンストーミングは，複数の人が集まり，できるだけ多くのアイデアを出すことに焦点を当てた手法**である。最終的に一つの解決策に絞ることは必須ではない。目的は，自由な発想で多様なアイデアを出すことにある。そのため，次の 4 つの約束事がある。

1．批判をしない　　2．自由に発想し，自由に発言する
3．質より量を重視する　　4．他人の意見に便乗し，発展させる

②「たくさん出されたアイデアを整理し，関係性を定義することによって問題点を明確化する場合に用いる手法」が誤り。これはKJ法の説明である。**コンセプトマップは，キーワードや短い言葉を使って問題解決の道筋を視覚的にまとめる手法**である。

③「問題解決の道筋を，キーワードにして表現し，その関係性を視覚的にまとめる手法」が誤り。これはコンセプトマップの説明である。**KJ法は，たくさん出されたアイデアを整理し，関係性を定義することによって問題点を明確化する場合に用いる手法**である。

④正しい。**テキストマイニングは，大量のテキストデータから，単語の出現頻度や相関関係を分析することにより，隠れた情報や知識を見つけ出す手法**である。

⑰ データ分析

以下の説明を読んで，【正しいもの】をすべて選びなさい。

① 単純集計とは，２つ以上の質問項目の回答内容をかけ合わせ，回答者属性ごとの反応の違いを見るようなときに用いる集計方法のことである。

② 移動平均とは，時系列データについて，一定の範囲ごとの平均値をその範囲をずらしながら求め，データを平滑化することである。

③ 最小二乗法は，近似曲線とデータの残差（誤差）の合計が最小になるように近似曲線を求める方法である。

④ 相関係数 $r = 0.4$ と，$r = -0.6$ では，$r = 0.4$ の方が相関が強いと言える。

解答 ②

解説 ➡ p.100

データ分析に関する知識問題である。

①「２つ以上の質問項目の回答内容をかけ合わせ」が誤り。単純集計とは，それぞれの項目に該当する選択肢の集計や，全体における比率を集計し，全体の傾向をつかむ際に使用される集計方法である。設問文のような集計方法は，クロス集計と呼ばれ，集計したデータを細分化して把握できるため，あらゆる統計的調査で使用される。

②正しい。日々の売上金額や来客数，気温など，時間経過によって変わっていくような時系列のデータにおいて，一定の長さの区間をずらしながら，それぞれの範囲における平均値を求めたものである。元データの特徴を残したまま，なだらかにすることができる。

③「近似曲線とデータの残差の合計が最小」が誤り。**最小二乗法は，近似曲線（または直線）とデータとの残差の合計ではなく，残差の二乗の合計が最小になるように，近似曲線を求める方法**である。この方法により，データに最も適合する曲線や直線を見つけ出すことができ，統計学やデータ分析で広く利用されている。

④「$r = 0.4$ の方が相関が強い」が誤り。相関係数 r の絶対値が大きいほど，変数間の相関が強い。$r = 0.4$ と $r = -0.6$ の場合，$r = -0.6$ の方が絶対値が大きいため，相関が強いといえる。**相関係数が１に近ければ近いほど正の相関が強く，－１に近ければ近いほど負の相関が強い**といえる。相関関係は，相関係数を計算するだけでなく，散布図を描くとわかりやすい。近似曲線は，正の相関の場合右肩上がりに，負の相関の場合右肩下がりになる。

⑱ リレーショナルデータベース

リレーショナルデータベースに関する以下の説明の中で，【正しいもの】をすべて選びなさい。

① リレーショナルデータベースは，データを内容ごとに分類して表(テーブル)に格納している。表は，行と列の二次元で構成され，行(レコード)と列(フィールド)を指定することによりデータを取得する。

② リレーショナルデータベースでは，データを操作するためにNoSQLと総称される管理システムを使い，カード型や階層型のデータモデルが実用化されている。

③ リレーショナルデータベースの大きな特徴は，表に対して結合，選択，射影という3つの操作が可能で，さまざまな形でデータを扱えることである。

④ 行を特定するのに必要な項目を「主キー」と呼び，「主キー」のデータは重複してはならない。また，列を組み合わせて「主キー」となるキーを「複合キー(連結キー)」という。

解答 ①，③，④

解説 ➡p.104

リレーショナルデータベースについての知識問題である。

①正しい。リレーショナルデータベースは，データを表(テーブル)に格納して管理する。**各テーブルは行(レコード)と列(フィールド)の二次元構造で構成**されており，特定の行と列を指定することでデータを取得できる。

②「NoSQL」が誤り。リレーショナルデータベースでは対応できないビッグデータを扱うために，リレーショナル型ではないデータベース管理システムが開発されている。**リレーショナルデータベースでは，データを操作するためにSQLを使う**のに対して，リレーショナル型ではないデータベース管理システムではSQLを使わないので，それらを総称してNoSQLという。

③正しい。これらの特徴により，複数のテーブルから関連するデータを組み合わせたり，特定の条件に合致するデータを抽出したり，必要なデータのみを表示することが可能である。

④正しい。**主キーはテーブル内の各レコードを一意に識別するための項目であり，重複することは許されない。**複数の列を組み合わせて一意性を保証するキーを複合キー(連結キー)という。これは，単一の列だけでは一意性を確保できない場合に使用される。

⑲ コンピュータの構成

コンピュータを構成する一部の装置の説明として，【正しいもの】をすべて選びなさい。

① 演算装置は，制御装置からの指示で演算処理を行う。
② 演算装置は，制御装置，入力装置，および出力装置とデータの受け渡しを行う。
③ 記憶装置は，演算装置に対して演算を依頼して結果を保持する。
④ 記憶装置は，出力装置に対して記憶装置のデータを出力するように依頼を出す。

解答 ①

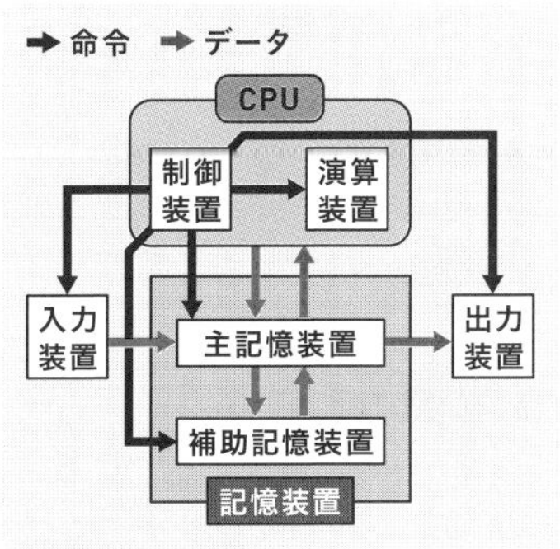

解説 ➡ p.106

コンピュータの構成についての知識問題である。コンピュータには，五大装置といわれるものがあり，制御装置，演算装置，記憶装置(主記憶装置＋補助記憶装置)，入力装置，出力装置の5つである。データやプログラムは記憶装置に保存され，制御装置からの指示により，他の装置に送られる。また，依頼をする(指示を出す)のは，制御装置のみであり，その他の装置が指示を出すことはない。

①正しい。演算装置は，コンピュータの中心的な部分であるCPU内にあり，制御装置からの指示に基づいて数値計算や論理演算などの演算処理を行う。

②誤り。演算装置は制御装置，入力装置，出力装置と直接データの受け渡しは行わない。実際には，**コンピュータの各装置間でのデータの受け渡しは，主にCPU内の制御装置が調整**し，データ伝送路であるバスを介して行われる。演算装置は演算処理を担当し，データの受け渡しは制御装置が中心となって行う。

③誤り。記憶装置は，演算を依頼することはない。記憶装置はデータやプログラムの一時的または永続的な保存を行う装置であり，主にメモリやストレージがこれに該当する。**演算を依頼するのは，制御装置**である。記憶装置が演算装置に対して演算を依頼するというよりは，演算装置が必要に応じて記憶装置からデータを読み出し，演算後の結果を記憶装置に書き戻すという流れが一般的である。

④誤り。記憶装置は，出力装置に対して依頼を出すことはない。**出力装置は，制御装置からの指示に基づいて動作**し，必要なデータを記憶装置から取得して外部に出力する。

⑳ 基本論理回路

右の真理値表で示される入力X，Yと，それに対する出力Zが得られる論理演算式として，【正しいもの】を選びなさい。

入力		出力
X	Y	Z
0	0	1
0	1	0
1	0	0
1	1	0

① X AND Y
② NOT (X AND Y)
③ NOT (X OR Y)
④ X OR Y

解答 ③

解説 ➡ p.110

基本論理回路である，AND回路，OR回路，NOT回路を用いた問題である。

AND回路は，2つの入力がともに1のときだけ，出力が1になる回路。**OR回路は，2つの入力のうちいずれか一方が1であれば，出力が1になる**回路。**NOT回路は，入力した値を反転して出力する**回路。

X，Yのすべての組み合わせについて，①～④を計算すると，次のような真理値表になる。

入力		出力			
X	Y	①X AND Y	②NOT (X AND Y)	③NOT (X OR Y)	④X OR Y
0	0	0	1	1	0
0	1	0	1	0	1
1	0	0	1	0	1
1	1	1	0	0	1

よって，③が正解であることがわかる。

㉑ フローチャート

次の文章を読んで，右のフローチャートのア〜オに当てはまる行動として，【正しいもの】をそれぞれ選びなさい。
「家を出発して，学校に行く。
晴れていれば自転車で行くが，
雨なら電車で行く。」

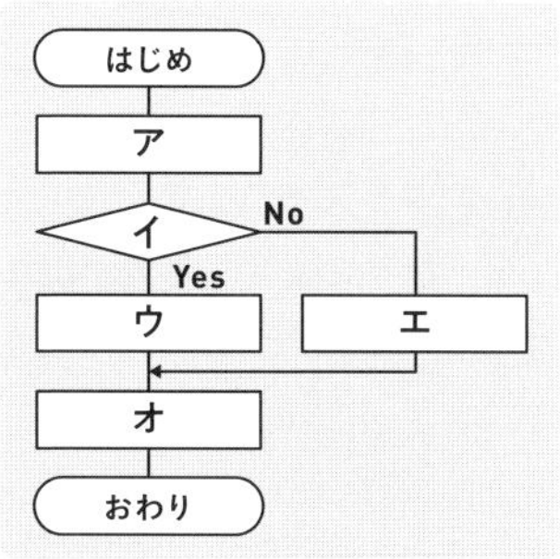

① 晴れている
② 自転車に乗る
③ 電車に乗る
④ 家を出発する
⑤ 学校に到着する

解答 ア：④　イ：①　ウ：②　エ：③　オ：⑤

解説 ➡ p.112

フローチャート（流れ図）についての思考問題である。
フローチャートは，アルゴリズムをわかりやすく表現する方法の一つである。
アルゴリズムは，**順次構造**，**選択構造**（**分岐**(ぶんき)**構造**），**反復構造**（**繰り返し構造**）の3つの基本制御構造で表現することができる。フローチャートにおいて，順次構造で用いるのが「処理」を表す 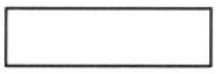 ，選択構造で主に用いるのが「判断」を表す 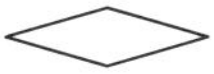 ，反復構造で主に用いるのが「ループ」を表す 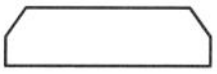 （開始），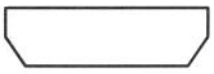 （終了）である（ 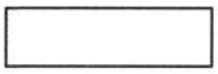 は，選択構造や反復構造の中でも用いる）。

第1問 問題解決・情報セキュリティ・情報デザイン

次の問い(問1〜3)に答えよ。

解答・解説 ➡ p.152

問1 **クラスで文化祭の出し物を一つ決めるにあたり，どのように決めたらよいか，以下のような意見が出た。それぞれの意見における具体的な活動内容(ア ・ イ)として，最も適当なものを，あとの⓪〜⑤のうちから一つずつ選べ。**

・クラスの出し物を何にするか，どのようなものでもよいのでアイデアをたくさん出したい。 ア

・クラスの出し物のアイデアについて視覚化し，クラスでどのアイデアが最もバランスが取れているか，またはどの方向性に重点を置くべきかを議論したい。 イ

⓪ 設定した目標(例：クラスの出し物になるべく多くの人に触れてもらう)を達成するために，必要な要素(例：出し物の種類，予算，準備期間など)をさらに細分化して分類する。

① アイデアをカードに書き出し，テーマやアイデアの関連性を明確にし，グループ分けを行う。

② 中心にテーマ(例：クラスの出し物)を置き，そこから枝分かれする形で詳細を展開する。

③ クラスの出し物のアイデアについて，さまざまな要素から選んだ2つ(例：準備の時間，楽しさ)を2軸にして評価する。

④ クラスの出し物のアイデアに関して，さまざまな観点(例：コスト，準備の時間，期待される人気度など)を評価し，表に記入して比較する。

⑤ クラス全員が集まり，制限を設けずに自由にアイデアを出し合い，この段階では，どんなアイデアも歓迎し，批判は避けることで，創造的な提案を促す。

問2 **高校生がオンラインでの学習や交流を安全に行うためにすべきこととして，最も適当なものを次の⓪〜③のうちから一つ選べ。** ウ

⓪ SNSで友達を増やし，多くの人とつながることを心がける。

① 新しい友だちを作ることは有益なので，オンラインで新しい出会いを求め，未知の人々との交流を試みる。

② 不正アクセスや個人情報の漏洩，ストーキングなどを避けるために，個人情報や位置情報の共有を極力控える。

③ 新しい知識を得るのに良い機会なので，オンラインのクイズやアンケートに積極的に回答する。

問3　空欄［エ］～［カ］に入れるのに最も適当なものを，あとの⓪～③のうちから一つずつ選べ。ただし，空欄［オ］・［カ］は解答の順序は問わない。

情報デザインとは，問題を解決するためや効果的にコミュニケーションをとるために，情報を受け手にわかりやすく伝達する手法のことである。情報デザインでは，主に次の「抽象化」「可視化」「構造化」の3つの手法が用いられている。

抽象化	情報から余分なものを除いて，シンプルに表現する手法
可視化	情報を視覚的にわかりやすく表現する手法
構造化	情報を特定の基準に沿って整理する手法

この中の「構造化」を用いた例は［エ］であり，「抽象化」を用いた例は［オ］と［カ］である。

⓪ 円グラフや棒グラフ

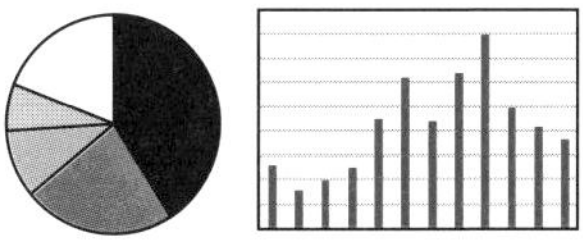

① レストランのピクトグラム

② カメラのアイコン

③ 階層図

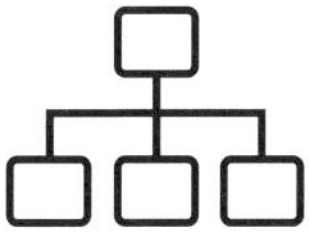

第2問 画像のデジタル化と圧縮

次の生徒(S)と先生(T)の会話文を読み，あとの問い(問 1 〜 3)に答えよ。

解答・解説 ➡ p.152

S： 先生，学校の文化祭について取材して，その記事を書いているのですが，デジタルカメラで撮った写真を文書に挿入したら，ファイルがとても重くなってしまって，開くのも保存するのも遅くなって困っています。

T： なるほど，それは大変だね。そういうときは，A 写真の解像度を下げることから始めてみよう。簡単にファイルサイズを小さくすることができるよ。

S： 写真の他にも，白黒のロゴマークを載せようと思うのですが，他にも方法はありますか？

T： そうだね，それでは圧縮してみるのはどうかな？　例えば，ランレングス圧縮という手法があるよ。これは，画像の中で同じ色が連続している部分を，その色と連続する長さだけで表現する方法で，特に単色の背景やシンプルな図形が多い画像では効果的だよ。

S： ランレングス圧縮の具体例を教えてください。

T： 例えば，文字列「AABBBBBCC」は，Aが2回，Bが5回，Cが2回続いているので，「A2B5C2」と表す。元の文字列は9文字だったが，6文字に圧縮されていることがわかるね。この方法を使えば，白と黒の2色で表された画像データも圧縮することができるよ。

S： 例えば，**図1**の5×5の画素の画像データではどうなるのでしょうか。

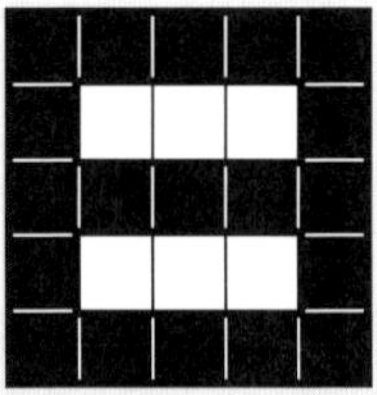

図1 画像データ「8」

T： 画像データでは，画像の左上から横方向に画素を読み取っていく。読み取った画素が黒色であれば「黒」，白色であれば「白」，と表し，右端の画素まで行ったら，下の行の左端の画素から再び読み取りを行うよ。これを一番下の行の右端の画素まで繰り返していくと，**表1**のようになる。

S： ということは，表1から，「黒6白3黒7白3黒6」と表すことができるということですか？

表1 画像データの画素の読み取り結果

黒	白	黒	白	黒
6個	3個	7個	3個	6個

T：そういうことになるね。元のデータは，5×5の画素，つまり25文字だったけれど，圧縮後は[ク][ケ]文字となる。

S：これってどれくらいデータ量を減らすことができたのでしょうか？

T：圧縮後のデータが元のデータと比べてどのくらいデータ量が減ったかは，B圧縮率[%]を求めるとわかりやすいよ。圧縮率は

$$\text{圧縮率}[\%] = \frac{\text{圧縮後のデータ量}}{\text{圧縮前のデータ量}} \times 100$$

の計算式で求められる。圧縮率の数値が小さいほど，よりデータ量が少なくなり，より圧縮されたことになる。この状態をC圧縮率が高いというよ。

問1 **下線部Aを行うためには，具体的にどのような作業をすればよいか。最も適当なものを，次の⓪～③のうちから一つ選べ。[キ]**

⓪ 写真のファイルサイズを2MBから1MBにする。

① 1920×1080ピクセルの写真を1280×720ピクセルにする。

② 写真の色数を256色から32色にする。

③ 写真の印刷時の設定を500dpiから300dpiにする。

問2 **下線部Bについて，図1の場合の圧縮率を求めた。以下の空欄[ク]～[サ]に当てはまる数字を答えよ。ただし，「黒」や「6」などの1文字のデータ量は同じとし，圧縮率が小数になる場合は小数第1位を四捨五入して整数で求めること。**

（圧縮前）25文字　→　（圧縮後）[ク][ケ]文字となるので，

圧縮率は[コ][サ]%となる。

問3 **下線部Cについて，次の7×7の画素の画像のうち，会話文中の方式で圧縮したときに最も圧縮率が高いものを，次の⓪～③のうちから一つ選べ。[シ]**

⓪
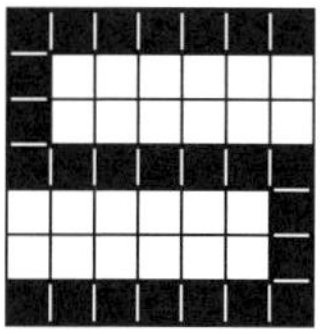

①

②
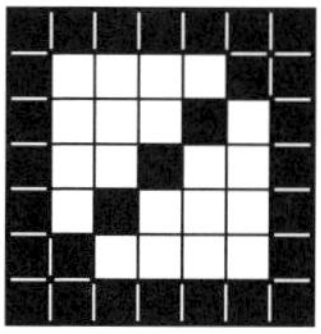

③
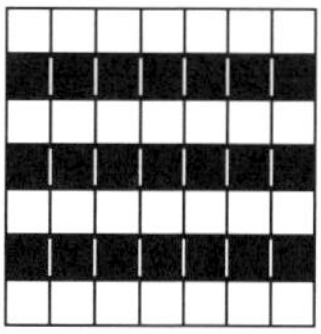

第3問　数当てゲーム

次の問いに答えよ。

解答・解説 ➡ p.153

問　**次の生徒(S)と先生(T)の会話文を読み，空欄 [ス] ～ [タ] に入れるのに最も適当なものを，あとの解答群のうちから一つずつ選べ。ただし，会話文中のプログラム表記は，p.154の共通テスト用プログラム表記に基づくものとする。**

S： この前，友達と数当てゲームをしたんです。一方が1から100までの整数の中から1つの整数を正解として決め，もう一方がその数を当てます。正解を当てられるまで続け，その回数が10回を超えても正解を当てられない場合は終わりにします。

T： やってみてどうでしたか？

S： それが，全然当たらないんです。試しに，これと同じようなプログラムを組んでみました。これがそのプログラムです。

```
seikai = 範囲乱数(1, 100)  #範囲乱数(引数)…引数で指定した範囲の整数から1つランダムに返す。
iを[ ス ]繰り返す：
│ 表示する(i, "回目：1～100の数字を入力してください。")
│ suisoku = 【外部からの入力】
│ もし[ セ ]ならば：
│ │ 表示する("当たりです！")
│ │ 表示する("正解までにかかった試行回数は", i, "回です。")
│ そうでなくもし[ ソ ]ならば：
└ └ 表示する("10回の挑戦で正解しませんでした。正解は", seikai , "でした。")
```

T： 全然当たらないのはただ当てずっぽうに数を答えるしかないからですね。正解でない場合，少しヒントを与えてみてはどうですか？

S： 確かにそうですね。正解でない場合，その値が正解より大きいか，小さいかのヒントを入れてみたいと思います。…。このように修正してみました。

```
(8)   │ そうでなければ：
(9)   │  │ もし［ ソ ］ならば：
(10)  │  │  │ 表示する("10回の挑戦で正解しませんでした。
          正解は", seikai, "でした。")
(11)  │  │ そうでなければ：
(12)  │  │  │ もし［ タ ］ならば：
(13)  │  │  │  │ 表示する("もっと小さい値です。")
(14)  │  │  │ そうでなければ：
(15)  └  └  └  └ 表示する("もっと大きい値です。")
```

S： 9行目以降のプログラムを修正し，ヒントを入れてみました。

T： いいですね。これでただの運ではなく，少し考えながら楽しめるゲームになりそうです。

［ ス ］の解答群

⓪ 1から10まで1ずつ増やしながら
① 0から10まで1ずつ増やしながら
② 10から1まで1ずつ減らしながら
③ 0から9まで1ずつ増やしながら

［ セ ］・［ タ ］の解答群

⓪ suisoku = seikai　① suisoku > seikai　② suisoku < seikai
③ suisoku != seikai　④ suisoku == seikai

［ ソ ］の解答群

⓪ i == 10　① i > 10　② i < 10　③ i != 10　④ i = 10

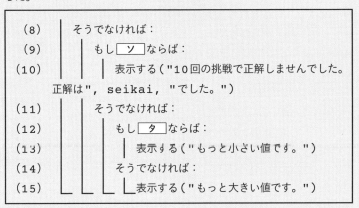

第４問　食料と光熱費の支出金額の傾向と関係性

次の文章を読み，あとの問い（問１～２）に答えよ。 解答・解説 ➡ p.153

右の**表１**は，国が実施した１世帯あたりの１か月間の支出金額に関する統計調査をもとに，2015年１月から2024年１月までの食料や光熱費などのうち，魚介類と電気代の支出金額の平均値についてまとめたものの一部である。また**図１**は，**表１**のデータから支出金額の増減の傾向や関係性を調べるために作成した折れ線グラフである。

（出典：総務省統計局「家計調査」）

表１　魚介類と電気代の支出金額［円］

年月	魚介類の支出金額［円］	電気代の支出金額［円］
2015年１月	6,219	15,107
2015年２月	6,088	15,280
2015年３月	6,815	14,344
2015年４月	6,242	12,287
2015年５月	6,472	10,488
2015年６月	6,126	8,889
2015年７月	6,030	8,697
2015年８月	6,290	10,859
2015年９月	6,178	10,093
2023年12月	10,786	9,987
2024年１月	5,866	12,376

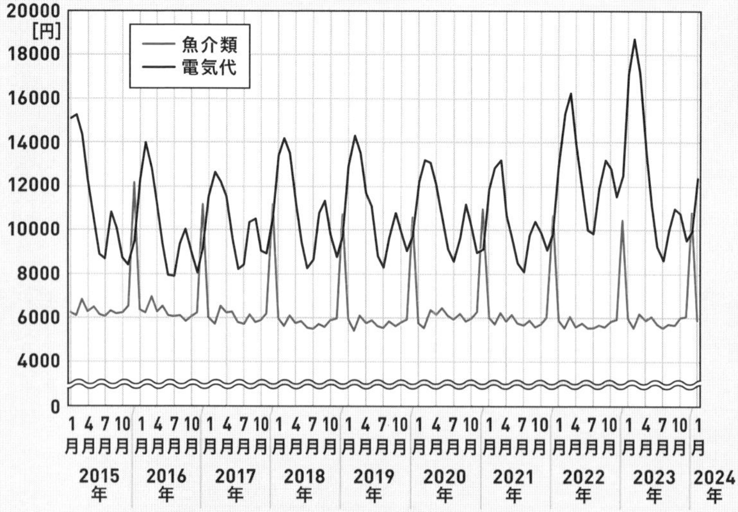

図１　2015年から2024年の魚介類と電気代の支出金額

問 1 **表 1，図 1 から読み取れることとして，最も適当なものを次の⓪～③のうちから一つ選べ。** チ

⓪ 魚介類の支出金額は毎年 12 月に高くなる傾向にある。

① 電気代の支出金額は毎年 2 月と 3 月が最も高く，その次に 8 月に高くなる傾向にある。

② 魚介類の支出が最も高くなる月は，電気代の支出が最も低くなる。

③ 電気代の支出金額の 1 年間における月別の最高金額は年々上昇している。

問 2 **次の図 2 は，表 1 の約 9 年分の月別の支出金額のデータをもとに，魚介類の支出金額，電気代の支出金額を，それぞれ箱ひげ図（外れ値は○で表記）に表したものである。図 2 について述べたこととして適当ではないものを，あとの⓪～④のうちから一つ選べ。** ツ

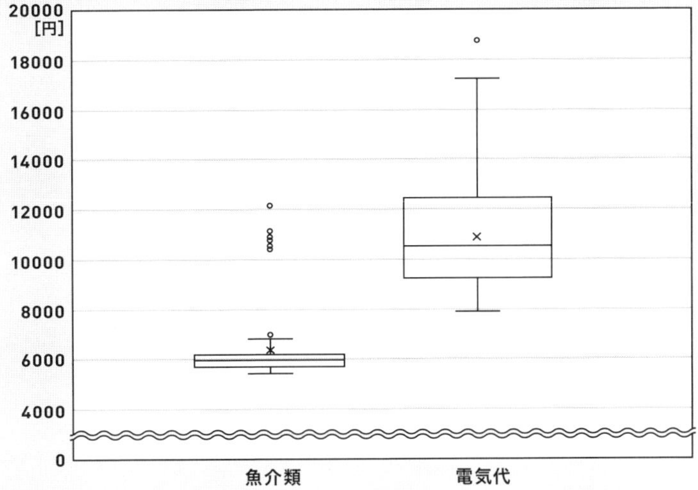

図 2 魚介類と電気代の支出金額の分布

⓪ 魚介類の支出金額の分布は，外れ値を除いたすべての月で，7000 円以下の範囲に収まっている。

① 魚介類の支出金額はどの月も電気代の中央値を上回ることはない。

② 電気代の支出金額が 12000 円以上の月は，25％以上である。

③ 魚介類の支出金額が 6000 円以下の月は，50％程度である。

④ 電気代の支出金額の分布は，外れ値を除けば魚介類の分布と重ならない。

解答・解説

第1問

問1 ア ⑤ イ ③ ／ ➡ p.88

⓪はロジックツリー，①はKJ法，②はマインドマップ，③は座標軸，④はマトリックス図，⑤はブレーンストーミングの説明である。

問2 ウ ② ／ ➡ p.74〜78

オンラインでの学習や交流を安全に行うためには，個人情報や位置情報の共有を極力控えることが重要。⓪，①，③の行動は，**個人情報漏洩（ろうえい）のリスクを高める可能性がある**ため，安全なオンライン環境を確保する上で適切ではない。

問3 エ ③ オ・カ ①・②(順不同) ／ ➡ p.28

「構造化」の例として，並列，順序，分岐（ぶんき），階層といった図的表現が挙げられ，③が当てはまる。「抽象化」の例として，アイコンやピクトグラム，地図が挙げられ，①と②が当てはまる。⓪は，**「可視化」の例**である。

第2問

問1 キ ① ／ ➡ p.52

「写真の解像度を下げる」とは，画像を構成するピクセルの総数を減らすことを意味する。⓪はファイルサイズ，②は色数の変更に関するもので，直接的に解像度の変更を示していないため，誤りである。③はdpiの数値を変更することにより，**印刷時の解像度を下げる方法を示しているが，デジタル画像のピクセル数を直接変更する方法ではない**ため，誤りである。

問2 ク・ケ ①・⓪(完答) コ・サ ④・⓪(完答) ／ ➡ p.38, 58

「黒6白3黒7白3黒6」と表すため，圧縮後は10文字。

$$\text{圧縮率 [\%]} = \frac{\text{圧縮後のデータ量}}{\text{圧縮前のデータ量}} \times 100 = \frac{10}{25} \times 100 = 40 \text{ [\%]}$$

問3 シ ③ ／ ➡ p.58

ランレングス圧縮では，同じ色が連続して並ぶときにより高圧縮率となるため，黒と白が交互に出てくる，①や②のような画像では圧縮率は低くなる。同じ色が一番多く，横向きに連続して並ぶ③が最も圧縮率が高い。

第3問 ／➡ p.112, 116

問1 ス ⓪

iは数を推測する回数を示しているため，１から始まる。10回を超えても正解が出ない場合に終わりになるため，iは10まで１ずつ増やしていく。

セ ④

変数suisokuは入力した数であり，その値が正解の数(変数seikai)と等しいとき，当たりとなる。共通テスト用プログラム表記(➡p.154)では，等しいことを示す比較演算子は「==」であり，**「=」は代入を示す**ので注意する。なお，比較演算子の「!=」は等しくないことを示す。

ソ ⓪

「10回の挑戦で正解しませんでした。」と表示させるのは，iが10になるとき。

タ ①

「もっと小さい値です。」と表示させるのは，変数suisokuが変数seikaiよりも大きいときである。

第4問 ／➡ p.96, 98

問1 チ ⓪

①電気代の支出金額の１年における２つ目のピーク(山型の頂点)は毎年８月ではあるが，３番目に高い値ではない(１月の方が高い)。②魚介類の支出が最も高い12月には，電気代が最も低い年もあるが，すべての年でそうとはいえない。③電気代の１年におけるピークを見ると，前年より上昇している年もあるが，すべての年でそうとはいえない。よって，①，②，③は誤りとわかる。

問2 ツ ①

電気代の支出金額の中央値は10500円程度(正確には10538円)である。多くの月は魚介類の支出金額はその金額を下回っているが，ある月ではその金額を上回っている。外れ値ではあるが，「どの月も電気代の中央値を上回ることはない」という表現は適当ではない。

共通テスト用プログラム表記について

大学入試センター作成の共通テストでは，以下のようなプログラム表記を使用することが発表されました。しかし，問題の出題内容や形式によっては，異なる表記で出題・指示される場合がありますので，その際は問題の指示に従ってください。

1 変数

通常の変数は，英字で始まる英数字。

bangou，goukei_3daysなど。

補足
アンダースコア(_)も含む

配列変数は，大文字の英字で始まる英数字。添字(配列の要素番号)は，説明がなければ0から始まる。Ninzu[2]，Kosu[2,4]など。

補足
2次元配列の要素の指定方法

2 文字列

文字列は，"(ダブルクォーテーション)で囲む。+で連結が可能。

```
name = "I am Tarou"
my_age = "私は" + "18歳です。"
```

3 代入文

=(イコール)で変数に値を代入する。右辺には，値や値を導くための式を記述する。

```
moushikomi = 8, tanka = 1000
goukei = moushikomi * tanka
Nyujouのすべての値を0にする
input = 【外部からの入力】
```

補足
1行で複数の代入文を記述可能

補足
外部から入力されたデータを変数に代入する

4 算術演算

四則演算は，+，-，*，/で表す。また整数の除算では，商(除算の整数部分)を÷，剰余(余り)を%で求める。べき乗は**で求める。

12 + 15 / 3 → 演算結果：17.0

17 ÷ 4 → 演算結果：4，9 % 5 → 演算結果：4

補足
演算の順序は，通常の四則演算と同じ

5 比較演算

値どうしの大小関係の評価は，次の記号で行う。

==(等しい)，!=(等しくない)，>(より大きい)，<(未満)，>=(以上)，<=(以下)

6 論理演算

論理演算は，次の3つの演算子で行う。

and（かつ：論理積），or（または：論理和），not（～でない：否定）

7 関数

関数には，値を返す関数と返さない関数がある。値を返す関数は，代入文を用いて返ってきた値を変数に代入できる。

値を返す関数の例：goukei = 合計([10,20,30,40])

値を返さない関数の例：表示する("合計：",goukei)

補足 カンマ区切りで連結して表示できる

8 制御文（条件分岐）

条件分岐と繰り返しの制御範囲は，┃ と ┗（制御文の終わり）で表す。

```
もし a > 5 ならば：
┃ b = a - 3
┗ 表示する(b)
```

補足 条件文の末尾にはコロン(:)がつく

```
もし a <= 3 ならば：
┃ b = a + 2
そうでなければ：
┗ b = a * 10
```

```
もし a != b - 2 ならば：
┃ a = a ÷ 2
そうでなくもし a > 10 ならば：
┃ a = a % 3
そうでなければ：
┗ 表示する(b)
```

補足 いずれにも当てはまらない場合

9 制御文（繰り返し）

```
x を 0 から 10 まで 2 ずつ増やしながら
繰り返す：
┗ goukei_gusu = goukei_gusu + x
```

```
a > 0 の間繰り返す：
┃ y = y * a
┗ a = a - 1
```

10 コメント

記述した処理に対する説明などを，#に続けてコメントとして記述することができる（#以降の記述は実行時に無視される）。

a = 要素数(Data)　#配列Dataの要素数を変数aに代入する

バブルソートのアルゴリズム，最大・最小・中央値のプログラム例と表示例

```
(1)  Data = [6, 15, 11, 10, 4, 2, 7]
(2)  Num = 要素数(Data)
(3)  i を Num-1 から 1 まで 1 ずつ減らしながら繰り返す：
(4)  │  j を 0 から i-1 まで 1 ずつ増やしながら繰り返す：
(5)  │  │  もし Data[j] > Data[j+1] ならば：
(6)  │  │  │  x = Data[j]●
(7)  │  │  │  Data[j] = Data[j+1]
(8)  │  │  │  Data[j+1] = x
(9)  表示する("最大値：",Data[Num-1])
(10) 表示する("最小値：",Data[0])
(11) もし Num % 2 == 0 ならば：●
(12) │  表示する("中央値：",(Data[Num÷2-1]
         +Data[Num÷2])/2)
(13) そうでなければ：
(14) │  表示する("中央値：",Data[(Num-1)÷2])
(15) 表示する("添字", "   ", "要素")
(16) i を 0 から Num-1 まで 1 ずつ増やしながら繰り返す：
(17) │  表示する(i, "   ", Data[i])
```

補足
次の行で上書きされるので，退避させておく

補足
偶数の場合は中央の 2 つの平均値とする

補足
÷ は除算の整数部分を求める演算子

関数の説明

要素数(配列)：引数に指定された配列の要素数を返す関数
実行例

```
(1)  Data = [1,2,3,4,5]
(2)  表示する(要素数(Data))  #5 が表示される
```

配列

添字	0	1	2	3	4	5	6
Data	6	15	11	10	4	2	7

実行結果の表示例

最大値：15

最小値：2

中央値：7

添字	要素
0	2
1	4
2	6
3	7
4	10
5	11
6	15

フローチャートとの対比

以下の点線の囲みは，左ページのプログラムの点線の囲みと対応する。

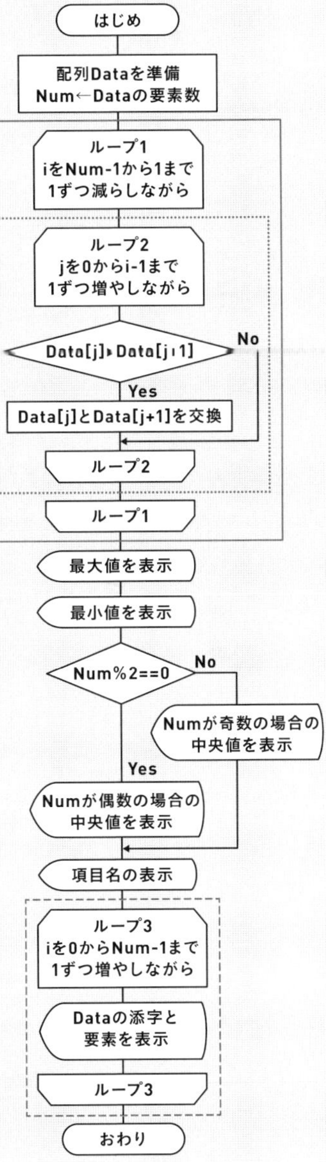

さくいん

監修者紹介

村井 純（むらい じゅん）

慶應義塾大学教授。工学博士。
1984年日本初のネットワーク間接続「JUNET」を設立。1988年インターネットに関する研究コンソーシアム「WIDEプロジェクト」を発足させ，インターネット網の整備，普及に尽力。内閣官房参与，デジタル庁顧問，他各省庁委員会主査等を多数務め，国際学会等でも活動。
日本人で初めてIEEE Internet Awardを受賞。ISOC（Internet Society）の選ぶPostel Awardを受賞し，2013年「インターネットの殿堂（パイオニア部門）」入りを果たす。「日本のインターネットの父」「インターネットサムライ」として知られる。

著者紹介

鈴木 二正（すずき つぐまさ）

慶應義塾幼稚舎教諭。博士（政策・メディア）。
慶應義塾大学卒業，同大学院政策・メディア研究科修士課程修了。米ボストン市近郊のタフツ大学教育工学研究所客員研究員を経て，慶應義塾大学大学院政策・メディア研究科博士課程修了。
幼稚舎では担任教諭として，ICTを活用した授業構築と実践研究に従事。教育の情報科，メディア知能情報領域を専門とする教育学者。

□ 執筆協力　リブロワークス　㈱カルチャー・プロ　㈱エディット（山﨑俊和）　錦見綾
□ 編集協力　リブロワークス　岩﨑伸亮　澤田佑樹　柴田麻子
□ 本文デザイン　南彩乃（細山田デザイン事務所）
□ イラスト　平松慶
□ 図版作成　㈲デザインスタジオエキス．

シグマベスト
大学入学共通テスト　情報Ⅰ
最重要POINT60

監修者　村井　純
著　者　鈴木二正
発行者　益井英郎
印刷所　中村印刷株式会社
発行所　株式会社文英堂
〒601-8121　京都市南区上鳥羽大物町28
〒162-0832　東京都新宿区岩戸町17
（代表）03-3269-4231
●落丁・乱丁はおとりかえします。